ISABELLA LA

zwei KATZEN

DOPPELTES GLÜCK

AUSWAHL
EINGEWÖHNUNG
HARMONISCHES ZUSAMMENLEBEN

KOSMOS

INHALT

76 *Jetzt kommen Sie ins Spiel*

Sorgen Sie gut für Ihre Samtpfoten, dann bekommen Sie auch viel Liebe zurück. Hier erfahren Sie, wie Sie eine enge und glückliche Beziehung zu Ihren Katzen aufbauen.

92 *An die frische Luft? Aber sicher!*

Freigang oder Wohnungshaltung – was ist das Richtige für welches Katzen-Duo? Hier finden Sie wichtige Informationen und Tipps rund um die Themen Freigang und gesicherten Auslauf.

102 *Wohnen im Katzenparadies*

Katzen lieben es, herumzuklettern, sich zu verstecken oder es sich in luftiger Höhe gemütlich zu machen. Gestalten Sie ein fantasievolles Spieleparadies und ihre Samtpfoten werden sich wie im siebten Himmel fühlen.

116 *Service*

Wunsch nach mehr? Hier finden Sie nützliche Adressen, noch mehr Bücher und weiterführende Links.

Versuch's mal mit ZWEISAMKEIT

GEHT IHNEN DAS HERZ AUF, WENN SIE ZWEI KATZEN ENG UMSCHLUNGEN ZUSAMMEN KUSCHELN SEHEN? DANN SIND SIE REIF FÜR DIE ZWEIKATZEN-HALTUNG. AN DEN TIEREN SELBST SOLL'S NICHT SCHEITERN: FAST FÜR JEDEN FINDET SICH EIN PASSENDES KATZENDUO. UND MIT ZWEIEN WIRD DAS LEBEN NOCH SCHÖNER UND ABWECHSLUNGSREICHER.

ZWEI *Schmusebacken finden*

Tierheime tun es, Züchter tun es, Katzenpensionen tun es und Millionen von Haushalten ebenso: Sie halten Katzen zu zweit oder in Gruppen, ohne dass dort Streit und Zank den Alltag bestimmen. Im Gegenteil: Die meisten Katzen mögen sich, viele nehmen die Anwesenheit anderer Katzen gelassen hin, und nur wenige sind auf ihre Artgenossen echt schlecht zu sprechen.

SIE HABEN DIE WAHL

Ein unverträgliches Tier müssen bzw. sollten Sie nicht nehmen, wenn Sie auf der Suche nach einer Zweitkatze sind. Unter den friedlichen gibt es genug Auswahl. Denn Katzen sind durchaus gesellige Tiere. Sie in Gemeinschaft zu halten, geht prima, wenn Sie sich die Tiere sorgfältig aussuchen und aneinander gewöhnen. Worauf Sie dabei achten müssen, sehen Sie in den folgenden Kapiteln.

DAS WICHTIGSTE ÜBERHAUPT

So prägend das Umfeld für die Katze sein mag, es ist nicht das Wichtigste in ihrem Leben. Da gibt es noch etwas viel Größeres, Bedeutenderes, etwas Unverzichtbares und Besonderes. Und das sind SIE selbst, ihr Halter, ihr Versorger, ihr Lebensmittelpunkt, Sie als Ersatzmama, Freund, Tröster, Kamerad ... Unabhängig davon, ob das Zuhause groß oder klein ist und ob die Katzen einen Garten, Balkon oder nur ein Sonnenfenster geboten bekommen, zwei Katzen fühlen sich in der kleinsten Hütte wohl, solange sie einen Halter haben, der sich wirklich um sie kümmert. Gehen Sie auf die individuellen Bedürfnisse Ihrer Tiere ein! Mit etwas Aufmerksamkeit entwickeln Sie einen Blick dafür, was Katzen wollen und wie diese auf Sie reagieren. Auch das muss man erst lernen. Mehr dazu ab Seite 77.

GENÜGSAM, ABER SCHNELL VERWÖHNT

Katzen sind einerseits sehr genügsam, andererseits auch sehr schnell verwöhnt. Sie nehmen, was sie bekommen. Aber sie sind auch keine Kostverächter, was Nahrung, Bequemlichkeit und Freizeitmöglichkeiten angeht. Und sie wissen genau, wem sie es zu verdanken haben, dass sie ihren wohlgenährten Luxuskörper den lieben Tag lang sorglos in der sonnenbeschienenen Katzenhängematte wiegen dürfen. So ist es sehr förderlich für die Zufriedenheit der Katzen, wenn Sie ihnen das Leben angenehm gestalten. Und da gibt es ganz viele Ideen, zu finden in den hinteren Kapiteln dieses Buches.

Info

DOCH KEIN EINZELGÄNGER?
Fast alle Wildkatzen – und von ihnen stammt die Hauskatze ab – sind Einzelgänger, wobei das „fast" eben doch ein paar Katzen einschließt, die darin eine Ausnahme bilden. Mächtig berühmt und bekanntester Vertreter der in Familienbanden lebenden Katzen ist der Löwe. Doch unsere Hauskatzen gehören eigentlich nicht zu diesen Ausnahmen, können aber ihre Lebensweise anpassen, wenn es nützlich für sie ist.

FLEXIBEL VERANLAGT

In der Wildnis muss jede Katze für sich zusehen, wo sie bleibt und wie sie überlebt. Jede geht allein auf die Jagd und frisst ihre Beute an Ort und Stelle. Wer nichts fängt, frisst auch nichts. Denn zu einer Versorgergemeinschaft, wie Hunde oder Löwen sie kennen, schließen sich unsere herrenlosen Hauskatzen nicht zusammen. In etwas kargen Gegenden sind sie den ganzen Tag mit dem Überleben beschäftigt, und Entscheidungen wie „Leg ich mich jetzt auf dem Kratzbaum in die Sonne oder oben aufs Bett?", sind ihnen fremd. Das sind zwei völlig verschiedene

FRIEDLICH Geschwisterkatzen vertragen sich fast immer, wenn sie erwachsen sind.

ALLEIN Einzelkatzen können auf Artgenossen nur verzichten, wenn ihr Halter viel zu Hause ist.

Welten, in denen Katzen sich dennoch souverän bewegen. Das Katzenerbgut schreibt keine Lebensweise zwingend vor, sondern ermöglicht den Tieren eine optimale Anpassung an veränderte Umstände. Dies gilt für die Art an sich, nicht für die einzelne Katze. Das soll heißen: Eine ausgewachsene Katze ändert sich nur noch schwer bis gar nicht. Zum überzeugten Einzelgänger werden nur die, die von Babypfötchen an Alleinkatze sind und bleiben. Aber diese werden weniger.

IHRE GESELLIGE SEITE

Heute zeigen Katzen ihre soziale Seite. Die versteckten sie bisher auch nicht, nur haben wir Menschen sie nicht wirklich wahrgenommen. Obwohl es schon vor Tausenden von Jahren bekannt war, dass Katzen sehr souverän in größeren Gruppen leben können, wenn sie wollen, blieb der Ruf der Katzen als Einzelgänger jahrhundertelang unerschüttert. Schon zu Beginn unserer Beziehung zu ihnen traten die Katzen im größeren Rahmen auf und bevölkerten vielgestalt die altägyptischen Tempelanlagen, und das einige Jahrhunderte, sogar Jahrtausende lang.

KATZENKOLONIEN

Auch jungere Beispiele von freiwilligen Katzengemeinschaften relativieren das Einzelgängerbild, etwa Katzenkolonien in den Urlaubsorten im Süden, an der Küste oder auf Bauerngehöften, auf Friedhöfen oder auf Firmengeländen. Überall dort, wo genug Nahrung zu finden ist, wo sie sich das Futter leicht erbetteln, erschmeicheln oder ergaunern können, stören sich Katzen nicht an der Anwesenheit ihrer Artgenossen. Solche Orte befinden sich immer in der Nähe von uns Menschen, denn wir haben genug zu essen, unser Ackerbau zieht die Mäuse an und tierliebe Seelen kommen zum Füttern der Katzenkolonien.

PACK SCHLÄGT SICH – DOPPELPACK VERTRÄGT SICH

Das Leben mit zwei Katzen ist so bezaubernd und abwechslungsreich, dass die Entscheidung, sich von vornherein ein Pärchen zuzulegen, immer richtig ist. Mal sind die beiden Miezen heiß verliebt, mal ignorieren sie sich hochnäsig, zwischendurch spielen sie total verrückt. Sie schlagen und vertragen sich, sie spielen, scherzen, schnurren, schmusen, und sie stellen gelegentlich die Wohnung auf den Kopf – Sie als Halter inbegriffen. Langweilig wird es mit zwei Katzengefährten nicht. Langweilig wird es eher einer Einzelkatze, die tagsüber allein in einer Wohnung auf die Rückkehr ihres Halters warten muss.

FAST WIE ZWEI KINDER

Alles mal zwei: Zwei Katzen bedeuten zwei Näpfe, Kistchen, Schlafkörbe, zweimal Impfkosten. Das allein schreckt schon manchen ab, sich auf ein Katzenduo einzulassen. Aber „mal zwei" sind auch die Katzenzuneigung, ihre Liebe, ihr Schnurren, ihre kleinen Launen und Vorlieben. Zwei Katzen belagern Ihr Bett, fast immer ist eine zum Kraulen da, eine findet sich zur Fernsehstunde ein, die andere reizt die Büroarbeit mehr.
Da ist Leben in der Bude – und Wärme. Denn zwei geben auch doppelt zurück, was sie von uns bekommen: Zuwendung, Zuneigung und Zärtlichkeit. Wer würde sich darüber nicht freuen?
Manche Katzenfreunde fürchten, sie wären für zwei Katzen nur der Dosenöffner, und schmusen würden die beiden hauptsächlich miteinander. Das passiert nicht. Wie gut sich eine Beziehung zu den Miezen entwickelt, hängt davon ab, wie viel Zeit und Zuwendung wir ihnen schenken. Insofern sind zwei Katzen ganz gut mit zwei Kindern vergleichbar: Wenn wir sie links liegen lassen, werden sie bockig.

DER DRITTE IM BUNDE SIND SIE

Wer allerdings eine zweite Katze nur deshalb holt, damit er sich um die erste nicht mehr so viel kümmern muss, reduziert sein Verhältnis zur Katze selbst. Die Beziehung zu einer Einzelkatze ist nicht automatisch intensiver als zu zweien. Jede liebt uns auf ihre eigene Weise. Jede ist ein Individuum, das eigene Annäherungsstrategien und Schmusegewohnheiten entwickelt. Und dennoch sind zwei Katzen auch ein Paar, das in einem Zusammenspiel sowohl mit sich als auch mit uns lebt. Wir sind ja nicht nur die Beobachter, wir führen auch Regie, beeinflussen und lenken das Miteinander, zu einem Gutteil sogar völlig unbewusst. Mehr dazu auf Seite 77.

VOM RICHTIGEN ZEITPUNKT

Dass es uns gefällt, heißt noch lange nicht, dass die Miezen selbst es auch lustig finden, in einer „Zwangsehe" zusammenzuleben. Diese Bedenken werden immer wieder vorgebracht, und es ist auch tatsächlich nicht ratsam, einer zufriedenen Einzelkatze nun eine zweite vor die Nase zu setzen. Das kommt einer Zwangsverbindung ziemlich nahe, vor allem für die bislang ganz allein lebende Katze. Die rundum glücklichen Katzenehen werden nämlich schon in der Jugend geschlossen – unter Geschwistern, zwischen Jung und Alt –, auf jeden Fall zwischen solchen Tieren, die sich die meiste Zeit

ZWEI, DIE SICH VERSTEHEN

BASICS

[a]

[b]

[c]

[d]

[a] AUSWAHL Überlassen Sie es nicht dem Zufall, sondern entscheiden Sie sich für das bestmögliche Katzenduo.

[b] SYMPATHIE Ob sich zwei Katzen verstehen könnten oder Todfeinde werden, sehen Sie schon bei der ersten Begegnung.

[c] VERWANDTSCHAFT Geschwisterpaare sind ideal, aber auch zwei andere Jungtiere vertragen sich gut.

[d] DOMINANZVERHALTEN Eine Katze ist fast immer dominanter als die andere. Sind beide ängstlich und unterwürfig, gibt es die totale Verunsicherung auf beiden Seiten.

GLEICH ZU GLEICH Schön, wenn Sie ein harmonisches Paar finden.

ihres Lebens mit einer anderen Katze Haus, Hof und Halter teilten. Sie kennen es nicht anders und vermissen ihren Kumpel, wenn er nicht oder nicht mehr da ist. Woran wir das erkennen? Diese Katzen scheinen echt zu trauern, sie suchen nach dem verstorbenen Freund, sie verhalten sich merkwürdig, sie werden trübsinnig oder entwickeln plötzlich Unarten.

LANGEWEILE FÖRDERT UNARTEN

Eine zweite Katze ist das Wichtigste gegen Katzenlangeweile. Die beiden beschäftigen sich miteinander und vertreiben sich die Zeit, manchmal ein wenig derb, zugegeben. Aber so manche Jagdszene im Wohnzimmer sieht für uns schlimmer aus, als sie in Wirklichkeit ist. Und ist es nicht so: Lieber ein unterhaltsamer Streit als friedliche Langeweile? Wer Kinder hat, kennt das.

Ist eine Einzelkatze den ganzen Tag allein zu Hause, ist es kein Wunder, wenn sie dort vor Langeweile halb umkommt, sich 20 Stunden lang einem Kratzbaumtraum hingibt oder die Wände hochgeht, was den Tapeten und dem Mobiliar nicht gut bekommt. Eine zweite Katze wäre hier von Anfang an die bessere Wahl gewesen. In vielen Fällen ist sie auch dann noch eine gute Lösung, wenn die Mieze schon groß ist. Denn absolut unverträglich sind auch Alleinkatzen nicht. Manche lassen sich spontan von einem Neuling faszinieren. Das wissen Sie aber erst, wenn Sie es ausprobieren.

EXPERTENTIPP Wer eine schwierige Vergesellschaftung versuchen möchte, sollte mit dem Besitzer der neu hinzukommenden Katze vereinbaren, dass er sein Tier zurücknimmt, falls es nicht klappt.

LIEBE UND HIEBE Zwei, die sich häufig balgen, sind oft auch die dicksten Freunde.

VIELE KATZEN MACHEN NOCH KEIN RUDEL

Heute wohnen viele Katzen zu zweit, zu dritt oder zu noch mehreren, also eigentlich gerade so, wie Hunde es gern hätten, nämlich als Teil eines Rudels. Doch Hunde müssen meistens aus Platz-, Lärm- oder finanziellen Gründen ein Singledasein führen.
Das Katzenrudel sieht indes nur äußerlich danach aus, nach innen ist es eher eine Handvoll zusammengewürfelter eigenwilliger Individuen. Der Hund, als echter Rudelbefürworter, begreift sich als Teil eines Ganzen. Eine Katze sieht sich allein bereits als Ganzes und die Mitmiezen allenfalls als Ergänzung, manchmal als Bereicherung an, zuweilen aber auch als völlig überflüssig. Das merkt man daran, dass es Fälle gibt, bei denen sich zwei Katzen, die sich nicht besonders mögen, trennen, wenn sie Freilauf bekommen: Eine wandert in die Nachbarschaft ab, eine bleibt. Denn Katzen raufen sich – obwohl es manchmal geschieht – nicht gern zusammen.

SEELENVERWANDT Katzen von ähnlicher Wesensart harmonieren besser als ganz unterschiedliche Typen.

KATZENKRIEG?

Wenn in der Wohnung unter Katzen ein Krieg entsteht, sieht das der hündischen Rangelei um die Rangfolge zwar sehr ähnlich. Er kann aber bei Stubentigern in der Wohnung viel leiser ausgetragen werden, wobei möglicherweise eine Katze stumm leidet, was man daran erkennt, dass ihr jede Unbeschwertheit fehlt, sie sich viel zurückzieht oder verstört und verhuscht durch die Wohnung läuft. Dann muss man einschreiten.

Meist aber erfordern kleine Scharmützel kein besonderes Eingreifen seitens des Halters. Im Hunderudel muss der Mensch für Ruhe sorgen, denn dort ist er der Boss. Ein Katzenhalter könnte so viel Chefgehabe präsentieren, wie er mag – die Katzen unterwerfen sich ihm ohnehin nicht wirklich. Aber sie akzeptieren ihren Menschen gleichsam als Teamchef. Wenn sie tun, was ihr Mensch von ihnen möchte, dann nur deshalb, weil es sich für sie als vorteilhaft herausgestellt hat. (Siehe auch Kapitel 4.)

Info

KATZEN FÜR SINGLES

Katzen sind die Lieblinge der Singles. Vor allem in den Städten bietet es sich an, eher eine Katze, Pardon: zwei Katzen, als einen Hund zu halten. Denn mit Katzen muss man nicht Gassi gehen, sie kosten keine Hundesteuer, sie müssen nicht so mühsam erzogen werden, und sie leben zufrieden nur in der Wohnung, aber dort eben am liebsten zu zweit. Denn Singles sind tagsüber berufstätig und abends häufig unterwegs.

EINE LOCKERE VERBINDUNG?

Heute weiß man, dass Katzen umso weniger Zusammenhalt entwickeln, je freier sie leben. Verwilderte Katzengruppen sind ein eher lockerer Haufen von Typen, die sich Raum und Ratten, Maus und Matten teilen. Dies ist nicht zu vergleichen mit der Bindung, die ein Katzenpaar zueinander hat, das zusammen aufgewachsen ist, nie getrennt wurde und in einem liebevollen Zuhause auch nie richtig erwachsen werden musste.

DAUERHAFTE SANDKISTCHEN-LIEBE

Junge Katzen haben noch keine gesellschaftlichen Vorlieben entwickelt. Sie sind sogar richtig formbar wie ein Stück Knete oder Ton: Man kann aus ihnen Einzelkatzen, überzeugte Pärchen oder Gruppenliebhaber machen, menschenfreundliche oder scheue Wesen, hunde- oder kinderfreundliche Tiere oder genau das Gegenteil. Wenn sie dann aber erwachsen sind, kann man nur noch das Beste draus machen.

GEDULD UND FINGER-SPITZENGEFÜHL

So wird sich auch eine überzeugte Einzelkatze zwar mit Geduld an einen Partner gewöhnen, in ihrer Seele bleibt sie Single und hätte ihren Halter lieber für sich allein. Das muss Sie jedoch nicht davon abhalten, sich den Wunsch nach einer Zweitkatze zu erfüllen. Denn es sprechen auch viele Gründe dafür, zum Beispiel, wenn die Halter wegen ihrer Berufstätigkeit häufig außer Haus sind oder sich die Katze eindeutig langweilt, oder weil das Tierheim überfüllt ist und man etwas Gutes tun möchte.

PLATZFRAGE In einem kleinen Apartment brauchen Katzen viel Abwechslung.

SIND ZWEI KATZEN ÜBERHAUPT ERLAUBT?

EIGENES HAUS

Hauseigentümern kann das Halten von zwei Katzen nicht verboten werden, solange die Katzen auf dem eigenen Grundstück bleiben. Freilaufkatzen sind nur in katzenreichen Gegenden oder bei sehr enger Bebauung eine Belastung. Dies führt gelegentlich zu einem gerichtlichen Freilaufverbot.

EIGENTUMSWOHNUNG

Auch wenn Sie in einer Eigentumswohnung leben, müssen Sie klären, ob dem Halten von zwei Katzen nichts entgegensteht. Sehen Sie als Miteigentümer dazu in die Teilungserklärung des Wohnobjekts sowie in die Hausordnung. Die Zahl der Katzen, die man in einer Eigentumswohnung halten darf, können die Miteigentümer nicht nach Gutdünken verändern. Fehlt jeder Hinweis auf Tierhaltung in den Hausdokumenten, ist eine ortsübliche Zahl von Katzen erlaubt, die jedoch kaum mehr als zwei, allenfalls drei übersteigen wird. Einvernehmlich, also dann, wenn alle Eigentümer dafür sind, darf die Katzenhaltung von den Eigentümern zwar verboten werden, doch kann beim Verkauf einer der Wohnungen deren neuer Eigentümer diesen Beschluss anfechten.

PRIVATSPHÄRE Auch gute Freunde rücken sich manchmal unangenehm auf den Pelz.

MIETWOHNUNG

Wer zur Miete wohnt, muss sich klar darüber sein, dass ein Vermieter die Erlaubnis von vornherein von einem Freilaufverbot abhängig machen oder auch nur eine einzige Katze erlauben kann, was vor allem in größeren Wohnblocks dazu dienen soll, nachbarschaftlichen Ärger zu vermeiden. Die meisten Urteile dazu besagen, dass das Halten einer ortsüblichen Zahl reiner Wohnungskatzen, also eine oder zwei, nicht verboten werden kann.

NACHBARSCHAFT

Auch die Nachbarn können Schwierigkeiten machen, wobei Amtsgerichte solche Fälle gern als geringfügig zurückweisen. Zu einer Verhandlung kommt es, wenn Katzen nachweislich beim Nachbarn einen Schaden anrichten.
Für diesen kommt in der Regel die Privathaftpflichtversicherung auf. Aber wie Sie es regeln, dass die Katze denselben Schaden (zum Beispiel teure Koi aus dem Teich zu angeln) nicht noch einmal anrichtet, bleibt Ihre Angelegenheit. Sie können im Grunde nur einen hohen, katzensicheren Zaun bauen, um die Miezen daran zu hindern, hinüberzuklettern. Mehr dazu im hinteren Teil des Buches.

Info

KASTRIEREN UND KENNZEICHNEN

Immer mehr Städte und Gemeinden, bislang vorwiegend in NRW, verlangen, dass Freilaufkatzen kastriert und gechipt werden. Damit soll der unkontrollierten Vermehrung Einhalt geboten werden. Denn die überfüllten Tierheime wissen häufig nicht mehr, wohin mit den Katzen. Welche Städte diese Kastrationspflicht bereits eingeführt haben, finden Sie unter www.tierschutzbund.de.

KÖRPERLICHE NÄHE lassen nur Katzen zu, die sich sehr gut kennen.

EINE HÖHLE gibt Geborgenheit. Sie muss kuschelig aber nicht unbedingt teuer sein.

GENÜGEND „MÄUSE“ FÜR DIE KATZEN?

Selbst wenn man die Katzen geschenkt bekommt, ist das verantwortungsvolle Halten zweier Katzen nicht ganz billig. Katzenstreu, Futter und Impfkosten sind feste Beträge, die man leicht erübrigen können sollte. Es lohnt auf jeden Fall, sich überdies etwas Geld für Notfälle, z. B. unerwartete Operationen, zurückzulegen. Rechnen Sie mit mindestens 50 Euro Tierarztkosten pro Katze für den jährlichen Gesundheitscheck mit Impfung und Entwurmen. Legen Sie für jede Katze weitere 50 Euro zur Sicherheit zurück.

RÜCKLAGEN FÜR DEN NOTFALL

Für Freilaufkatzen sollte es noch etwas mehr sein, weil man diese auch noch mit einem Flohschutz versehen muss, und damit die Tierarztkosten nach einem Unfall, einer Vergiftung oder einer anderen Verletzung bezahlbar sind. Den Finanzbedarf allein für den Parasitenschutz darf man nicht unterschätzen, vor allem, wenn man diese praktischen Allround-Ampullen gegen Flöhe, Zecken und Würmer aller Arten verwenden möchte. Der Vorteil: Die Medikamente werden der Katze ins Nackenfell gerieben, was sowohl das giftige Flohhalsband erspart als auch Kämpfe und Tricks mit List und Tücke, um einer Katze Paste oder Pillen einzugeben.

EXPERTENTIPP Für Katzen werden auch spezielle Tierkrankenversicherungen angeboten. Immer mehr Tierhalter entschließen sich dazu. Es gibt jedoch keine Rabatte für Mehrkatzenhalter.

Das ideale KATZENPAAR

DAS GRUNDREZEPT ZUM DOPPELTEN GLÜCK IST EINFACH: MAN NEHME ZWEI KASTRIERTE WURFGESCHWISTER, FÜGE DIESE EINEM LIEBEVOLLEN ZUHAUSE ZU, GEBE BESTE ZUTATEN IN DIE FUTTERSCHÜSSEL, WÜRZE ALLES MIT WOHLFÜHLELEMENTEN UND GARNIERE MIT REICHLICH ZUWENDUNG. HABEN SIE ABER SCHON EINE KATZE, WÄHLEN SIE IHRE ZWEITE MIT BEDACHT! DENN SYMPATHIE KANN MAN NICHT ERZWINGEN.

WER *verträgt sich mit wem?*

Die Hinweise in diesem Kapitel sollen helfen, eine möglichst gute Katzenkombination zu finden. Welche Katze man zu einer vorhandenen nehmen soll, ist eine schwierige Entscheidung. Die Individualität von ausgewachsenen Katzen ist so ausgeprägt, dass man sich nicht auf einfache Regeln verlassen kann. Die folgenden Hinweise geben das wieder, was Experten raten und Katzenhalter zum Teil in Umfragen an persönlichen Erfahrungen mitteilten. Im Einzelfall können Katzen leider auch anders reagieren. Das ist wie mit einem „Idealpartner“ aus der Kontaktanzeige, den man beim Kennenlernen dann doch nicht riechen kann.

NEHMEN SIE EINFACH ZWEI!

WURFGESCHWISTER

Mit zwei Jungtieren aus einem Wurf können Sie kaum etwas falsch machen, schon gar nicht, solange diese beiden noch nicht geschlechtsreif sind. Da Kätzchen etwa ab fünf Monaten mit der Geschlechtsreife beginnen, Weibchen eher als Männchen, ist die ideale Zeitspanne für einen Wechsel ins neue Zuhause die Zeit etwa zwischen der 12. und 20. Lebenswoche der Tiere.

Bei Jungkatzen zwischen einem halben und einem Jahr muss man beobachten, ob sie sich zanken, und sie am besten noch vor dem Einzug ins neue Zuhause kastrieren lassen. So sind die Chancen besser, dass sie das neue Revier nicht direkt markieren.

EXPERTENTIPP Wurfbrüder kastriert man am besten noch vor der Geschlechtsreife, damit sie gar nicht erst anfangen, Duftmarken in der Wohnung zu hinterlassen, und auch nicht vom spielerischen Raufen in ernste Katerkämpfe übergehen.

KATZENMATHEMATIK

Eine plus noch eine ist noch lange nicht das Gleiche wie einmal zwei Katzen! Denn so, wie Sie aus zwei halben Katzen keine ganze basteln können, so wenig wahrscheinlich sind zwei Einzelkatzen so gut verträglich wie ein Geschwisterpaar. Es ist auf jeden Fall besser, sich direkt zwei Katzen zu holen, die sich bereits verstehen, als zu versuchen, zwei erwachsene Einzelkatzen aneinander zu gewöhnen. Die Ausnahme wären zwei geschlechtsreife Tiere, also wenn man ein männliches und ein weibliches Tier zusammensetzen würde. Dann ist Nachwuchs vorprogrammiert, und das alle halbe Jahre, wenn man es nicht verhütet.

SCHLAFPLÄTZE sollten reichlich vorhanden sein. Jede Katze findet so eine Lieblingsstelle.

ERWACHSENE TIERE

Wenn Ihnen Jungtiere zu lebhaft sind und Sie deshalb lieber zwei schon ausgewachsene Katzen suchen, fragen Sie im Tierheim nach zwei älteren, miteinander verträglichen Tieren. Oft werden zwei zusammen ins Tierheim gebracht, und wie traurig wäre es, wenn sie nur Einzelplätze finden könnten! Auch Züchter geben manchmal übrig gebliebene Tiere paarweise ab. Wenn das Pärchen vom Tierheimpersonal oder von einem Züchter für Sie ausgewählt wurde, können Sie erwarten, dass Sie auch zwei miteinander freundliche Tiere bekommen. Wenn Sie über eine Annonce aus einer anderen Familie zwei ältere Katzen übernehmen, verstecken sich hier häufig eher gedankenlos zusammengepackte Pärchen, die sich so zoffen, dass die Halter sie vielleicht deshalb loswerden wollen.

ZWEI SOZIALE KATZEN

Wenn Ihre Katze früher eine zweite zur Gesellschaft hatte, wird es leichter sein, einen passenden Kameraden zu finden, und falls das zeitlich noch nicht lang her ist, stehen die Chancen für einen erneuten Burgfrieden umso besser. Suchen Sie am besten eine Katze, die ebenso allein ist, obwohl sie bislang in Katzengesellschaft gelebt hat. Sie können genauso dicke Freunde werden wie ein Wurfgeschwisterpaar.

KATZENTYPEN RICHTIG KOMBINIEREN

Zwei extrem dominante Tiere setzt man nicht zusammen. Das gibt nur Dauerzoff. Genauso wenig würde man einer sehr unterwürfig ängstlichen Katze einen sehr herrschsüchtigen Katzenpartner vor die Nase setzen. Die meisten Katzen sind jedoch nicht so extrem in ihrem Verhalten, sondern einfach „mehr dominant" oder „eher ängstlich", und in diesem Fall ist eine Kombination von zweimal Typ A (siehe rechts) nicht schlecht. Nach anfänglichen Raufereien sind die Fronten dann weitgehend geklärt. Der wahre Boss sollten ohnehin Sie selbst sein. Auch die Kombination A plus B ist gut, wenn die eine gutmütig und nachgiebig Streit vermeidet. Darüber Bescheid zu wissen hilft, einen passenden Katzenpartner zu finden. Zu Stress führt B plus B, da sie ihr Verhältnis nie richtig auf die Reihe bekommen.

DER A-TYPUS ist wagemutig und neigt zu aktiver Problemlösung wie schneller Flucht oder Angriff; ist sehr neugierig und kommt auch nach einer Flucht relativ schnell wieder zurück. Der Wagemut des A-Typen macht es gelegentlich einfacher, ihn an Hunde zu gewöhnen. Dieser Typ flüchtet schnell (was bei Jagdhunden auch den Hetztrieb fördern kann), scheut sich aber auch nicht, mal zu fauchen oder dem Hund die Grenze aufzuzeigen.

DER B-TYPUS wirkt oft scheu, beobachtet neue Situationen lange, bevor er handelt. Er verhält sich abwartend und ist zurückhaltend. Der B-Typ sitzt in Tierheimen oft länger, weil er einige Zeit benötigt, neue Situationen und Menschen einzuschätzen, und nicht gleich auf jeden Interessenten zugeht. Dadurch wird er oft als ängstlich eingestuft, was er aber nicht sein muss. (Quelle: tierhilfelid)

IDEALE KOMBINATIONEN Eine dominante und eine weniger dominante Katze vertragen sich meistens gut.

GLEICHES ALTER hat Vorteile. Als Baby spielen sie gern. Im Alter nerven sie sich nicht.

ZWEI EINZELKATZEN

Zu einer überzeugten Einzelkatze passt eigentlich gar keine andere Katze so richtig dazu. Es geht aber doch in vielen Fällen, einen zweikätzischen Burgfrieden herzustellen, auch wenn das für die Tiere nicht immer ideal ist. Ein Kätzchen ist als Zweitkatze dann nicht unbedingt verkehrt. Ein Jungtier wird relativ leicht akzeptiert, solange es wirklich noch ganz jung ist, früh kastriert wird und von Ihnen nicht gegenüber der großen Katze bevorzugt wird. Sie als Halter müssen verstehen, dass die Altkatze den jungen Spund erst noch etwas zurechtstutzen muss, damit er ihr nicht auf der Nase herumtanzt. Das geht manchmal nicht ohne Tatzenhiebe. Wenn Sie in dieser Situation das Kleine beschützen, wird die Altkatze ärgerlich.

EXPERTENTIPP Bei Jung zu Alt sollten der alten Katze alleinige Rückzugsgebiete, z. B. ein ruhiges Zimmer, zur Verfügung stehen, und man sollte zwei junge Katzen dazunehmen, die dann miteinander spielen können.

GENERVT

Manche Tierheime vermitteln deshalb keine Jungtiere zu bereits großen Katzen, weil viele nach Monaten wieder zurückgebracht werden, weil die Große eifersüchtig und genervt ist. Für das Jungtier ist das besonders schlimm, denn es hat ja keine zweite Chance, als süßes Katzenkind ein Zuhause zu finden. Tierheime raten den Haltern von Einzelkatzen daher lieber, sich unter den älteren Katzen eine mit sehr katzenfreundlichem Wesen aus-

GLEICHE INTERESSEN Unfug zu treiben, macht gemeinsam mehr Spaß als allein.

zusuchen. Dann geht es entweder gut oder nicht, aber nicht erst Monate später doch noch schief, was für die Tiere deutlich schlimmer ist. Mehr zur Eingewöhnung in Kapitel 3.

SCHNELLER KATZ-ERSATZ?

Geschwisterkatzen kommen zwar zusammen zu uns, aber sie verlassen uns nicht gleichzeitig. Wenn nun eine plötzlich allein dasteht und sichtbar trauert, retten Sie sie aus ihrer Einsamkeit: Legen Sie ihr eine Mieze aus dem Tierheim ans Herz. Alter, Rasse und Geschlecht sind in diesem Fall fast egal, das Einzige, worauf Sie achten sollten ist, dass die Neue auch katzenfreundlich ist. Vielleicht finden Sie ja eine Mieze in vergleichbarer Situation? Fragen Sie im Tierheim gezielt danach.

GLEICHE MAROTTEN Babys einer Rasse gleichen sich nicht nur äußerlich, sie teilen auch oft ihre Vorlieben und Abneigungen.

CHEF SUCHT NEUE AUFGABE

Bleibt nach dem Tod einer Katze eine dominante Kratzbürste übrig, legen Sie sich ein Katerchen mit sonnigem Gemüt und starken Nerven zu, jedenfalls vom A-Typus (siehe Seite 25). Jungkatzen sind es durchaus gewohnt, von den Altvorderen ein paar gewischt zu kriegen und kuschen zu müssen. Gemeinsames Kuscheln ist, wenn überhaupt, erst dann möglich, wenn geklärt ist, wer unter den Katzen die Nummer eins ist und bleibt. Als Partner für Kratzbürsten eignen sich auch besonders friedfertige erwachsene Katzen.

LIEBER ALLEIN Auch bei Rassekatzen gibt es Einzelgänger, die keinen Wert auf Artgenossen legen.

EXPERTENTIPP Fallen Sie dem Machthaber möglichst nicht in den Rücken, wenn er sich den Neuling untertan macht. Wird es wirklich gefährlich, dann trennen Sie die beiden.

ENDLICH WIEDER ALLEIN

Nicht jede Katze trauert. Manche ist sogar recht froh, wenn die Rivalin weg ist und damit vielleicht eine jahrelange Unterdrückung ein Ende hat. Diese Katze sehnt sich selbstredend nicht besonders nach einer neuen Konkurrentin, und damit dies auch nicht passiert, suchen Sie ihr (oder ihm) einen ruhigen und sehr lieben, erwachsenen und kastrierten Kater. Warum gerade ihn und kein Jungtier? Weil ein Kätzchen einer ohnehin leicht unterdrückbaren Mieze erst einmal auf der Nase herumtanzt, um ihr dann sehr schnell über den Kopf zu wachsen – es besteht die Gefahr, dass sich die alte Situation wieder einstellt. Eine wenig dominante, ausgeglichene Zweitkatze wäre also die bessere Lösung.

LEBHAFTER GEGENSATZ ...

Wenn es unbedingt ein Junges sein soll, nehmen Sie eine sehr katzenfreundliche Rasse, etwa eine Orientalin. Beispielsweise sind Siamkätzchen zwar aufdringlich und rücken ihren Opfern gnadenlos auf den Pelz, aber sie ignorieren auch gnädig ein paar Ohrfeigen. Sie wissen nämlich, dass große Katzen als Schmuse-Musen, Kuschelpelze und Heizkissen verwendbar sind – warum also nicht auch diese? Und wenn es nicht gut geht, geben Sie die Katze dem Züchter zurück. Das müssen Sie natürlich zuvor vertraglich vereinbaren.

... ODER RUHENDER GEGENPOL

Wenn Ihnen Ihr Gefühl sagt, dass ein lebhaftes Tier verkehrt ist, wählen Sie als Gegenpol besser eine verträgliche ruhige Mieze, eine Colourpoint oder andere Perser, oder eine Maine Coon oder Norwegische Waldkatze. Nicht vergessen darf man jedoch, dass gesunde Jungtiere immer lebhaft sind.

EXPERTENTIPP Da auch Rassekatzen sehr unterschiedlich und unberechenbar reagieren können, sollte man unbedingt mit dem Züchter zuvor das Problem besprechen.

EIN NAHTLOSER ÜBERGANG ...

Stirbt eine der Katzen, ist es zwar das Beste, sofort eine neue zu holen, doch so schnell geht es in vielen Fällen nicht, vor allem, wenn man eine Rassekatze kaufen will. Die richtige Katze muss nicht nur gefunden, sondern auch häufig erst groß genug für einen Halterwechsel werden. Züchter geben ihre Jungtiere normalerweise mit zwölf Wochen ab und das bedeutet unter Umständen eine monatelange Wartezeit. Und dann ist der optimale Zeitpunkt für das Eingewöhnen einer neuen Mitbewohnerin längst überschritten.

EIGENER NACHWUCHS eignet sich zum Behalten nicht besser oder schlechter als fremde Katzen. Es kommt auf das an, was die Mutterkatze gewohnt ist.

... IST NICHT IMMER MÖGLICH

Auch buchstäblich andere Umstände können den Wunsch nach der Zweitkatze zurückdrängen. Wenn gerade ein Baby in der Familie zur Welt kam, würde eine kleine Katze nur vernachlässigt werden, es sei denn, größere Kinder kümmern sich um sie. Auch ein Kleinkind, das ein Kätzchen ohne Ende über Bank, Sofa und Tisch jagen würde, kann Eltern davon abhalten, ein Katzenbaby zu sich zu holen.

Weitere Gründe können sein: Man lebt in Scheidung oder Trennung, ein alter Mensch muss gepflegt werden, Krankheit überschattet die familiäre Situation, ein Umzug oder Urlaub steht an. All das sind Situationen, in denen ein Jungtier als zusätzliche Belastung wahrgenommen würde. Dann sollte man auch besser warten, weil man damit dem Miezlein keinen Gefallen tut und man selbst diese Wochen süßer Kätzchenzeit verpasst oder nicht richtig genießen kann.

EINE ÜBERGANGSLÖSUNG

Während dieser Zeit ohne Partner gewöhnt sich eine Katze ans Einzeldasein und wird mit jeder Woche, die sie allein auf dem Thron sitzt, unwilliger, wieder eine zweite zu akzeptieren. Soll später unbedingt wieder eine zweite Katze in den Haushalt aufgenommen werden, ist es vielleicht besser, die Erstkatze nicht ganz vom Kontakt mit Artgenossen zu entwöhnen. Wohnungstiere können leicht zu anderen Katzen, die nur im Haus leben, mitgenommen werden oder zu Besuch gebracht werden. Solche Freundschaften sind auch äußerst praktisch: Man kann während der Urlaubstage gegenseitig die Katze des anderen sitten.

PLÖTZLICH ALLEIN Da hilft nur, sich viel mit der Katze zu beschäftigen.

Info

DIE RICHTIGE KATZENKOMBINATION

KATER PLUS KATZE Eine gute Kombination, aber nur kastriert! Unkastrierte Tiere produzieren nicht nur jede Menge Nachwuchs, sie sind auch völlig unausgeglichen. Die Weibchen sind häufig rollig und machen den potenten Kater verrückt, der zu markieren beginnt.

ZWEI WEIBCHEN Als Geschwistertiere aus einem Wurf oder zwei junge Katzenmädchen vor der Geschlechtsreife zusammen gehalten – kein Problem. Als zwei Einzelkatzen, die man zusammensetzen will, wenig ratsam.

ZWEI KATER Zwei junge, früh kastrierte Kater aus einem Wurf sind ein ganz gutes Duo. Unkastriert werden die beiden zu Rivalen, die scheußlich riechende Duftmarken in der Wohnung absetzen und sich bekriegen.

JUNG ZU ALT Ein Jungtier zu behalten, wenn man die Mutterkatze besitzt, ist keine gute Idee. Denn Katzenmütter wollen nach einem halben Jahr wieder Einzelkatze sein. Hauskatzen- oder Freilaufnachwuchs wird vergrault. Rassekatzen reagieren anders.

MEHR ALS ZWEI Gesellige Katzen tolerieren andere grundsätzlich leichter. Aber die Vielkatzenhaltung liegt nicht allen. Eine dritte bringt oft nur Rangfolgestress. Allzu leicht wird eine der Katzen unsauber.

VERSCHIEDENE RASSEN Kommt darauf an, welche. Vom Charakter her ähnliche vertragen sich leichter als grundverschiedene. Hauskatzen lassen sich dann noch eher mit Rassekatzen kombinieren.

WOHNUNGSPAARE Sie vertragen sich hervorragend, vorausgesetzt, keine von ihnen hat jemals Freilauf kennengelernt, beide sind kastriert und haben alle Zeit ihres Lebens mit anderen Katzen ein Zuhause geteilt. Muss eine von ihnen ersetzt werden, dann am besten durch eine Katze, die ebenfalls ihren Partner verloren hat.

FREILAUFPAARE Wenn sie sich wirklich mögen, bleiben sie zusammen, und dann streiten sie genauso wenig und schmusen nahezu genauso gern wie Wohnungskatzen. Wenn nicht, verschwindet eine von ihnen auf Nimmerwiedersehen oder leidet stumm, markiert in der Wohnung oder lebt draußen.

BALKONE werden gern als Frischluftoase genutzt. Man muss sie mit einem Netz sichern.

FREILAUF ZU ZWEIT?

Draußenkatzen müssen sich nicht wie Wohnungskatzen unbedingt zusammenraufen, aber sie tun es häufig, mangels einer Alternative. Unverträgliche oder potente Kater schließen kaum Frieden. Sie lösen diese problematische Beziehung auf ihre eigene Art: Der eine geht mal schnell eine Maus fangen und kommt nicht wieder. Das sind im Übrigen die Katzen, die eines Tages vor der Haustür einer lieben Familie maunzen und als zugelaufen behalten werden. Seltsamerweise denkt oft keiner aus der Neufamilie daran, den Halter der Katze zu suchen. Und die Katze bleibt mit dem größten Vergnügen, wartet doch zu Hause nur ein grantiger Rivale auf sie.

EXPERTENTIPP Eine zugelaufene Katze ist eine Fundsache, die Sie melden müssen. Informieren Sie auf jeden Fall das nächstgelegene Tierheim. Die Katze wird möglicherweise schon verzweifelt gesucht.

FREIHEIT fängt bei der Katzenklappe an und sollte im gesicherten Garten enden.

ERSATZ FÜR DIE DRAUSSENKATZE

Ist eine Katze plötzlich weg, wissen Sie nicht, was geschehen ist. Nach etwa drei Wochen müsste sie irgendwo gefunden und zurückgebracht oder im Tierheim gelandet sein. Wenn Sie die Suche aufgegeben haben, warten Sie mit dem Ersatz nicht zu lange. Dies ist insbesondere dann ratsam, wenn Ihre Katze kein bisschen Trauer oder Sehnsucht zeigt, sondern allein und zufrieden in den Tag hineinlebt, als hätte sie niemals einen Kameraden gehabt. Denn je länger sie allein ist, desto schwieriger wird es für sie, sich an eine neue zu gewöhnen. Die Frage ist dann, ob sie das wirklich soll.

... ODER LIEBER ALLEIN?

Eine Freilaufkatze pflegt ja auch ohne Partner genügend Kontakte zu ihren Artgenossen, verteidigt aber gewöhnlich ihr Revier vor Eindringlingen. Vor allem Weibchen und potente Kater vertreiben einen Neuen, der durch den Garten stromert, und natürlich erst recht einen, der ins Haus kommt. Beste Chancen auf Eingliederung bzw. auf ein friedliches Nebeneinander im selben Heim bekommen Sie, wenn Sie ein selbstbewusstes, friedliches Tier dazunehmen, aber einfach wird es auch dann nicht sein.

KATZENPAARE MIT BESCHRÄNKTEM AUSLAUF

Nach einer Umfrage in der Zeitschrift „Geliebte Katze“ sind die Miezen, die zwar ins Freie, aber nur in einen gesicherten Garten dürfen, etwas zufriedener, ausgeglichener und verschmuster als Wohnungs- oder richtige Freilaufkatzen. Die Unterschiede sind jedoch nicht so gravierend, dass man unbedingt einen katzensicheren Auslauf montieren muss. Aber man sollte es tun, wenn es geht, weil es eine Freude ist zu sehen, wie sich die Katzen dort wohlfühlen und sie die Natur mit allen Sinnen genießen.

Checkliste

RECHT ODER SCHLECHT?

Recht ist:

- [ ] **Zwei junge Katzen gleich zusammen zu nehmen**
- [ ] **Frühzeitig kastrieren**
- [ ] **Ein gesicherter Auslauf**
- [ ] **Ruhige Rassen zu ruhigen Menschen**
- [ ] **Bei Verlust einer Katze schnell eine neue anzuschaffen**

Schlecht ist:

- [ ] **Zwei potente Tiere zu halten**
- [ ] **Freilauf an belebter Straße / in der Stadt**
- [ ] **Eine Einzelkatze bei einem berufstätigen Single**
- [ ] **Zwei ältere Einzelkatzen zu kombinieren**
- [ ] **Wohnungshaltung ohne Katzenanimation**

JEDES KATZENPAAR IST ANDERS

BASICS

[a]

[b]

[a] ALLEIN Mit modernen Katzenklappen kann auch nur eine Katze nach draußen gelassen werden.

[b] ZU ZWEIT macht es Katzen sicherlich mehr Spaß, den Garten zu erkunden.

[c] ABENTEUER Spielen und Herumtollen braucht Platz, gut, wenn die Katzen in den Garten hinaus können.

[d] ERLEBNISSE Nur gute Freunde gehen gemeinsam auf Tour. Auf Mäusefang trollt sich jede trotzdem allein.

[c]

[d]

[e]

[f]

[e] FREIGÄNGER brauchen eine Tollwutimpfung sowie einen Floh- und Zeckenschutz.

[f] SEELENPFLEGE Zwei, die sich mögen, müssen nicht immer miteinander aufgewachsen sein.

[g] KÖRPERPFLEGE gehört zum täglichen Ritual. Freunde putzen sich auch gegenseitig.

[h] LANGES HAAR braucht intensive Pflege. Da reicht es oft nicht aus, wenn sich die Katze selbst viel putzt.

[i] KURZES HAAR verfilzt nicht, will trotzdem gepflegt sein. Es nisten sich darin leicht Zecken ein.

[g]

[h]

[i]

WOHER BEKOMMT MAN SEINE KATZEN?

VOM TIERHEIM ...

Die meisten Katzen dort sind Hauskatzen. Aber dort landen oft auch Rassekatzen, die einst mit falschen Vorstellungen angeschafft wurden, was leider immer wieder vorkommt. Lassen Sie sich vom Tierheimpersonal beraten. Nach den Beobachtungen der Tierschützer sind Tigerkatzen oder schwarze Katzen meist sehr verträglich und bestens geeignet für Vergesellschaftungen. Sie sind wesentlich sozialer als Glückskatzen (schildpatt) oder rote Katzen.

... ODER VOM ZÜCHTER

Bei Rassekatzen können Sie sich zwar einen Charaktertypus aussuchen, aber gleich zwei Jungtiere zu nehmen, ist nicht eben billig. Von den Edelkatzen sind die

EINE GUTE WAHL sind Katzenpaare aus dem Tierheim.

EDELKATZEN Vorsicht bei „Billigangeboten"!

Halblanghaarrassen der Waldkatzenklasse im Duo etwas beliebter als andere. Die orientalischen Rassen gehören nicht dazu, obwohl sie sehr gesellig sind und es besonders gern mögen, miteinander zu leben. Aber sie sind eben sehr lebhaft und das Wohnen mit ihnen strengt so manchen Halter mehr an, als er von der Katzenhaltung erwartet hätte. Deshalb ist es ratsam, die Entscheidung für eine Rasse nicht nur anhand der Optik zu fällen, sondern sich auch über den Charakter der Favoriten zu informieren. Wenden Sie sich an die Jungtiervermittlungen der Zuchtverbände, wenn Sie ein Tier suchen. Rassekatzen aus einer seriösen Zucht sind ab etwa 400 Euro zu haben und werden mit Kaufvertrag übergeben. Ein seriöser Züchter garantiert die Gesundheit seiner Tiere. Die Rasseporträts (siehe Seite 39–56) sollen Ihnen bei der Wahl einer Rasse helfen.

Info

VORSICHT, BETRÜGER!

Kaufen Sie kein Rassekätzchen ohne Ahnentafel zum Schleuderpreis, und schon gar nicht ohne Kaufvertrag. Dahinter verbergen sich häufig reine Katzenvermehrer, die ohne Skrupel auch todkranke Tiere verkaufen. Und kaufen Sie erst recht nicht aus Mitleid ein krankes Tier, sondern informieren Sie in diesem Fall besser den Amtstierarzt.

HAUPTSACHE GESUND Sehen Sie gut hin!

Beliebte RASSEKATZEN

DIE HALTUNG EINER RASSEKATZE IST MEHR EINE LEIDENSCHAFT ALS EINE KOSTENFRAGE. DENN SO HOCH IST DER PREIS HEUTZUTAGE GAR NICHT MEHR. EINE RASSEKATZE KOSTET KAUM MEHR ALS EINE URLAUBSWOCHE, ABER DIE FREUDE AN DER KATZE WÄHRT VIELE JAHRE.

RASSEN, *die passen*

KLEINER TEST FÜR UNSCHLÜSSIGE

Wenn Sie unsicher sind, welche Rasse für Sie die richtige ist, können Sie mithilfe eines kleinen Tests die Auswahl enger eingrenzen oder sogar eine für Sie ideale Rasse finden (siehe Seite 42).
Beachten Sie bitte, dass diese Einschätzungen der Rassen auf den Angaben von Züchtern und Haltern beruhen und dass sich eine Katze im Einzelfall auch anders verhalten kann. Denn nicht nur der ererbte Charakter, sondern auch die Jugendprägung und die Erfahrungen im Erwachsenenalter einer Katze machen das Wesen einer Katze aus, sodass es keine Garantie geben kann, dass die in diesem Buch genannten Charakteristika auf das einzelne Tier in jedem Punkt auch wirklich zutreffen.
Grundsätzlich sind langhaarige Rassen ruhiger als kurzhaarige, orientalische lebhafter und lauter als Hauskatzen oder Perser, schlanke Miezen agiler als stämmige, Katzen mit runden Formen gemütlicher als solche mit spitzen Formen. Beantworten Sie die acht Fragen im Test und schauen Sie bei den Rassen, die neben Ihren Antworten stehen, nach, welche dort besonders oft genannt wird.

Info

DIE GRUNDTYPEN

DIE FAMILIENKATZEN
Abessinier, Balinese, Bengal, Britisch Kurzhaar, Burma, Egyptian Mau, Exotic Shorthair, Hauskatze, Maine Coon, Norwegische Waldkatze, Ocicat, Perser, Rex

DIE PFLEGELEICHTEN
Abessinier, Bengal, Burma, Egyptian Mau, Exotic Shorthair, Hauskatze, Ocicat, Orientalisch Kurzhaar, Rex, Siam, Singapura

DIE LEBHAFTEN
Abessinier, Balinese, Bengal, Burma, Hauskatze, Javanese, Maine Coon, Norwegische Waldkatze, Ocicat, Orientalisch Kurzhaar, Rex, Siam, Singapura, Türkisch Angora, Türkisch Van

DIE SANFTEN
Britisch Kurzhaar, Exotic Shorthair, Birma, Perser, Ragdoll, Somali

Test für Unschlüssige

WELCHE RASSE PASST ZU MIR?

1. STÖRT ES SIE, WENN SIE ETWAS ERLEDIGEN MÜSSEN UND IHRE KATZE SIE DABEI HARTNÄCKIG BELAGERT?

☐ **JA**
Hauskatze, Britisch Kurzhaar, Kartäuser, Norwegische Waldkatze, Perser, Rexkatzen, Ocicat, Birma, Abessinier, Somali, Egyptian Mau, Russisch Blau

☐ **NEIN**
Exotic Shorthair, Maine Coon, Ragdoll, Bengal, Türkisch Angora, Türkisch Van, Siam, Balinese, Orient. Kurzhaar, Javanese, Burma, Singapura, Korat

2. MÖGEN SIE ES, WENN IHRE KATZE FREMDE MENSCHEN FREUNDLICH WILLKOMMEN HEISST?

☐ **JA**
Hauskatze, Britisch Kurzhaar, Exotic Shorthair, Maine Coon, Perser, Ragdoll, Rexkatzen, Bengal, Ocicat, Egyptian Mau, Burma

☐ **NEIN**
Norwegische Waldkatze, Türkisch Angora, Türkisch Van, Birma, Abessinier, Somali, Siam, Balinese, Orient. Kurzhaar, Javanese, Singapura, Russisch Blau

3. IST ES IHNEN WICHTIG, EINE PFLEGELEICHTE KATZE ZU HABEN?

☐ **JA**
Hauskatze, Rexkatzen, Bengal, Ocicat, Abessinier, Egyptian Mau, Siam, Orient. Kurzhaar, Burma, Singapura, Korat, Russisch Blau

☐ **NEIN**
Maine Coon, Norwegische Waldkatze, Perser, Ragdoll, Türkisch Angora, Türkisch Van, Birma, Somali, Balinese, Javanese, Kartäuser, Britisch Kurzhaar, Exotic Shorthair

4. MÖCHTEN SIE AM LIEBSTEN EINE RICHTIGE FAMILIENKATZE?

☐ **JA**
Hauskatze, Britisch Kurzhaar, Kartäuser, Exotic Shorthair, Maine Coon, Norwegische Waldkatze, Perser, Rexkatzen, Bengal, Ocicat, Abessinier, Egyptian Mau, Balinese, Burma

☐ **NEIN**
Ragdoll, Türkisch Angora, Türkisch Van, Birma, Somali, Siam, Orient. Kurzhaar, Javanese, Korat

5. LIEBEN SIE LEBHAFTE KATZEN, DIE VIEL SPIELEN, KLETTERN, HERUMTOBEN?

☐ **JA**
Hauskatze, Maine Coon, Norwegische Waldkatze, Rexkatzen, Bengal, Ocicat, Türkisch Angora, Türkisch Van, Korat, Abessinier, Egyptian Mau, Siam, Balinese, Orient. Kurzhaar, Javanese, Burma, Singapura

☐ **NEIN**
Britisch Kurzhaar, Kartäuser, Exotic Shorthair, Perser, Ragdoll, Birma, Somali, Russisch Blau

6. MÖGEN SIE ES, WENN IHRE KATZE BESONDERS SCHLAU UND PFIFFIG IST?

☐ **JA**
Hauskatze, Rexkatzen, Bengal, Ocicat, Türkisch Angora, Birma, Abessinier, Egyptian Mau, Siam, Balinese, Orient. Kurzhaar, Burma, Korat

☐ **NEIN**
Britisch Kurzhaar, Kartäuser, Maine Coon, Norwegische Waldkatze, Perser, Ragdoll, Türkisch Van, Exotic Shorthair

7. SOLL IHRE KATZE BESONDERS KINDERLIEB SEIN?

☐ **JA**
Hauskatze, Britisch Kurzhaar, Kartäuser, Exotic Shorthair, Maine Coon, Norwegische Waldkatze, Perser, Ragdoll, Rexkatzen, Bengal, Ocicat, Egyptian Mau, Burma

☐ **NEIN**
Türkisch Angora, Türkisch Van, Birma, Abessinier, Somali, Siam, Balinese, Orient. Kurzhaar, Javanese, Singapura, Korat, Russisch Blau

8. SOLL IHRE KATZE BESONDERS VERTRÄGLICH/GESELLIG SEIN?

☐ **JA**
Exotic Shorthair, Maine Coon, Norwegische Waldkatze, Perser, Ragdoll, Ocicat, Birma, Somali, Siam, Balinese, Orient. Kurzhaar, Javanese, Burma, Singapura

☐ **NEIN**
Hauskatze, Britisch Kurzhaar, Rexkatzen, Bengal, Türkisch Angora, Türkisch Van, Egyptian Mau, Korat, Russisch Blau, Abessinier

GROSSE, RUNDE AUGEN und eine kurze Nase sind typisch für Perser und Exotic Shorthair.

PERSER

WESEN UND AUSSEHEN Sie ist sanft und ruhig, unauffällig und unaufdringlich, lieb, vornehm, verträglich, eine gute Familienkatze, aber auch gut geeignet für alleinstehende Personen. Aber Achtung: Perser sind sehr pflegeaufwendig. Ihr dichtes langes Haar verfilzt schnell und erfordert tägliches Kämmen. Die kurze, bei vielen Tieren sogar nach innen eingeknickte Nase lässt manche Perserkatzen grimmig aussehen. Das täuscht, denn ihr Wesen ist lieb, sanft, anschmiegsam und unkompliziert. Bei Perserkatzen müssen Sie den ersten Schritt machen – sie werden Ihnen begeistert entgegenkommen.
Zu zweit zu leben ist für Perserkatzen Standard. Sie neigen wenig dazu zu kämpfen, sind aber rasch beleidigt und fangen schnell das Pinkeln an ungewollten Plätzen an, wenn sie vergesellschaftet werden und sich nicht vertragen. Perser sind gute Wohnungskatzen, spielen, ohne allzu viel zu toben. Ideal für eine reine Wohnungshaltung zu zweit.

SIE PASST ZU Menschen, die Ruhe, Zärtlichkeit und beständige Zuneigung zu schätzen wissen und die von ihrem Langhaar so fasziniert sind, dass sie die aufwendige Fellpflege genauso wenig scheuen wie die kätzischen Versuche, sich gegen das Kämmen aufzulehnen.

PERSER-VERWANDTE

Colourpoint Sie ist eine echte Perserkatze und trägt nur eine besondere Fellzeichnung, nämlich die der Siamkatzen.

EXOTIC SHORTHAIR Persercharakter mit kurzem Fell.

DIE BRITISCH KURZHAAR ist eine veredelte Hauskatze.

Dazu wurde die Siam vor langer Zeit in die Perser eingekreuzt. Vom Wesen her ist sie jedoch kaum von der Perser zu unterscheiden. Colourpoint-Besitzer finden allerdings, dass ihre Tiere eine Spur charmanter seien als eine Perser.

Exotic Shorthair Sie ist eine Kurzhaar-Perser, unterscheidet sich also nur in der Haarlänge von dieser. Wer den Perser-Charakter liebt, nicht jedoch das Kämmen von verfilztem Haar, hat mit der Exotic eine Alternative. Doch auch sie kommt nicht ganz ohne Kämmen aus.

BRITISCH KURZHAAR, KARTÄUSER

WESEN UND AUSSEHEN Sie ist sanft, freundlich, würdevoll, ausgeglichen, kinderlieb – eine gute Familienkatze. Die Britisch Kurzhaar ist stämmig, mit auffällig rundem Kopf und dickem plüschigem Fell. Die graublauen Tiere dieser Rasse sind als Kartäuser bekannt und werden auch Britisch Blau genannt. Die ursprünglichen Kartäuser heißen heute Chartreux. Sie genießen die Schmusestunden vor dem Fernseher, lassen sich gern durchs dichte, dicke Plüschfell kraulen, mögen lieber ihre Ruhe als zu viel Trubel in ihrem Umfeld. Als Einzelkatze sind sie schlecht noch an eine andere Katze zu gewöhnen, sonst problemlos im Umgang mit anderen Katzen. Das Fell muss regelmäßig gekämmt werden, verfilzt jedoch kaum.

SIE PASST ZU Menschen, die eine unkomplizierte, verschmuste Katze wollen, und zu Familien.

KARTÄUSER sagt man auch zur Britisch Blau.

MAINE COON

WESEN UND AUSSEHEN Sie ist groß und großzügig, verspielt, menschenfreundlich, eigenwillig, naturverbunden, temperamentvoll, eine gute Mäusefängerin und lebhafte Familienkatze. Sie hängt ihr Herz aber meistens an eine bestimmte Person. Sie ist die größte von allen Rassen und sieht mit dem langen, leicht zotteligen Fell vor allem im Winter beeindruckend aus. Sie gehört vom Typ her zu den Waldkatzen, die sich auf natürliche Weise dem rauen Klima nördlicher Breitengrade angepasst haben. Eine Maine Coon ist häuslich, verträglich und anhänglich wie ein Hund. Die Kater sind unternehmungslustiger als die eher häuslicheren Weibchen. Das dicke Winterfell muss häufig gekämmt werden, das Sommerfell nur selten.

SIE PASST ZU Menschen, die zwei Katzen dieses Kalibers genug Raum und möglichst auch ein umzäuntes Frischluftparadies bieten können; zu Hundefreunden, Familien.

WALDSCHRAT, Waschbärkatze, der Hund unter den Katzen – ihre Spitznamen zeigen: Die Maine Coon ist eine beeindruckende Katze.

EIN ZOTTELFELL, das Wasser abweist ist für die Norwegische Waldkatze heute nicht mehr nötig. Es blieb noch weitgehend unbeeinflusst von der Zucht.

NORWEGISCHE WALDKATZE

WESEN UND AUSSEHEN Sie ist unternehmungslustig, naturverbunden, neugierig, unkompliziert, anhänglich, kinderfreundlich, eine gute Mäusefängerin, Klettermeisterin, eine Familienkatze, die alle liebt. Die norwegische Waldkatze braucht viel Gesellschaft. Sie hat von der Statur und dem Fellkleid her Ähnlichkeit mit der Maine Coon, ist jedoch etwas kleiner und im Wesen nicht so kernig. Eine Norwegische Waldkatze wird von ihren Haltern als weicher, anhänglicher und liebevoller als die Maine Coon beschrieben, darüber hinaus neugierig und sehr gesprachig, wobei ihre Piepsstimme nicht so recht zum kräftigen Aussehen passt. Familien bewundern ihre Nervenstärke und wie sie ruhig und gelassen so manchen Trubel in der Wohnung erträgt. Das ist ihr lieber, als ohne menschliche Gesellschaft sein zu müssen, und lieber auch, als nur mit einer zweiten Katze tagsüber allein zu sein.

SIE PASST ZU Menschen, die viel zu Hause sind, viel Platz und gesicherten Freilauf bieten können, auch zu Familien, sogar zu lauten und kinderreichen.

RAGDOLL

WESEN UND AUSSEHEN Sie ist sanft, ruhig, sehr anhänglich und verschmust, eine gute Wohnungskatze, neugierig, gesellig und ausgeglichen, reisetauglich, jedoch recht pflegeintensiv. Sie gehört zu den größten Katzenrassen und ist mit ihrem halblangen weichen Fell sowohl hübsch anzusehen als auch anzufühlen. Sie ist strapazierfähig und reisefreudig, lässt sich gut an die Leine nehmen, ist allerdings auch als reine Wohnungskatze ganz glücklich. Die Ragdoll wurde extra als eine ruhige und ausgeglichene, verschmuste und anhängliche Katze gezüchtet, ist jedoch nicht „schlapp", wie der Name „Lumpenpuppe" vermuten lässt, sondern mitunter auch recht lebhaft.

SIE PASST ZU Menschen, die viel zu Hause sind und sich gern mit ihrer Katze beschäftigen; geeignet für Paare und Alleinlebende, Familien mit großen Kindern.

LUMPENPUPPE bedeutet das Wort „Ragdoll" wörtlich übersetzt. In ihr sind unübersehbar Siamanteile.

SEAL-POINT nennt man diese klassische Färbung der Siam. Sie sieht aus, als hätte man sie in Kakao getunkt.

SIAM

WESEN UND AUSSEHEN Die Siamkatze ist schlank und katzenhaft geschmeidig, gesellig, gesprächig, sehr lebhaft und anhänglich. Eine Siam steckt voller Überraschungen, ist einfallsreich, aktiv, eifersüchtig und liebt vor allem eine Person – ansonsten ist sie eine sehr pflegeleichte Mitbewohnerin. Die Siam ist kurzhaarig, blauäugig und trägt die typische Point-Zeichnung. Alles an dieser Katze ist lang, rank und schlank. Die moderne Siam ist hochbeinig, kann ausgezeichnet springen und weiß auch ihre Vorderpfoten geschickt einzusetzen, zum Beispiel, um Türen und Schachteln zu öffnen. Sie hat viele Tricks auf Lager, ist gesprächig, geschwätzig, laut fordernd, intensiv nörgelnd und nur wirklich still, wenn sie schläft. Das aber am liebsten als Teil eines ineinander verschlungenen Katzenknäuels – genau richtig für einen Mehrkatzenhaushalt.
Orientalische Katzen sind zwar verträglich, aber bei Fremden erst einmal misstrauisch. Das gilt auch für fremde Katzen.

SIE PASST ZU Menschen, die etwas mit ihren Katzen erleben möchten und die eine aufdringliche Katze allenfalls als anhänglich empfinden.

SIAM-VERWANDTE

Thaikatze Etwas rundlichere und stämmigere Siam.

Orientalisch Kurzhaar Grünäugig und durchgefärbt, wie eine Siam ohne deren typische Zeichnung.

Balinese Siamkatze mit halblangem Fell.

Javanese Orientalisch Kurzhaar mit halblangem Fell.

DIE ORIENTALISCHEN RASSEN sind schlank und rank. Hier eine Balinesin.

ALS TEMPELKATZE begann ihre Karriere vor rund 500 Jahren. Heute sind wir ihre Diener und lesen ihr jeden Wunsch von den wunderschönen Augen ab.

BIRMA

WESEN UND AUSSEHEN Die Birma, auch Heilige Birma genannt, ist sanft, liebenswürdig, treu, intelligent, vornehm, sozial und verspielt, liebt mehr die ruhigen Menschen und bleibt nicht gern allein. Eine Birma sollte man täglich kämmen.

Sie stammt aus Fernost, wo sie in früheren Zeiten als Tempelkatze gelebt haben soll. Auf den ersten Blick könnte man sie für eine langhaarige Siamkatze halten. Ihr Körper ist indes nicht so orientalisch überschlank und sie hat im Gegensatz zur Siam weiße Pfötchen, die man auf diesem Foto gut erkennen kann. Es gibt sie in den verschiedenen Siamfärbungen. Eine Birma ist von niedlichem, anhänglichem Wesen, sehr familienbezogen und verschmust und geht eine sehr enge Bindung mit ihrem Halter ein. Sie ist nicht gern von ihm getrennt und fordert seine Aufmerksamkeit. Sie akzeptiert ein reines Wohnungsleben, gewöhnt sich aber auch schnell an die Leine und kann gut zur Urlaubskatze erzogen werden. Die Pfiffigen unter ihnen lernen auch kleine Tricks.

SIE PASST ZU Menschen, die viel zu Hause sind und die es lieben, sich ausgiebig mit ihrer Katze zu beschäftigen und die nicht vor der täglichen Fellpflege zurückschrecken.

ABESSINIER, SOMALI

WESEN UND AUSSEHEN Die kurzhaarige Abessinier und die Somali mit ihrem halblangen Haar sind wie zwei Seiten einer Medaille: Sie sind gleich und doch verschieden, nämlich durch die Optik. Die Somali mit ihrem fließenden Haar wirkt viel weicher als die Aby mit ihrem Kurzhaar. Beide sind schlanke, elegante Katzen in wildfarbenem oder kupferrotem Pelz, dabei sehr anhänglich und verschmust mit ihrem Menschen, mit anderen Katzen jedoch eher verträglich, wenn diese nicht die erste Geige spielen wollen. Aby und Somali brauchen ein harmonisches Umfeld, in dem sie regieren und sich von allen hofieren lassen können. Innen drinnen sind sie Freigeister, ungestüm und athletisch, anpassungsfähig, treu, intelligent und brav, Fremden gegenüber misstrauisch. Sie binden sich oft sehr stark an eine Person im Haushalt, lassen diese nicht aus den Augen und gehen mit ihr sogar freilaufend spazieren. Anderen Katzen gegenüber zeigen diese Rassen eher ein dominantes Verhalten. Als Zweitkatze ist eine sanfte Katze ideal. Ihre Fellpflege ist nicht aufwendig, nur zum Fellwechsel im Frühjahr und Herbst, muss man mit der Bürste nachhelfen, besonders bei der Somali.

SIE PASSEN ZU Familien und Personen, die bereit sind, eine intensive Bindung zu einem Katzenpersönchen einzugehen und die wissen, was sie wollen.

GETICKED nennt man Haare, die zebrastreifenartig dunkle und helle Abschnitte haben. Die braune Farbe der Aby heißt „agouti“ oder wildfarben, die rote „sorrel“.

BENGAL

WESEN UND AUSSEHEN Diese Rasse wurde in Amerika aus Hauskatzen und wilder Bengalkatze gezüchtet. Das ist eine Wildkatzenart *(Felis bengalensis)*, die in einem Gebiet lebt, das sich von Indonesien bis zum Himalaya erstreckt. Die zahmen Abkömmlinge tragen ein kurzes oft für Allergiker geeignetes Fell mit Wildkatzenzeichnung, entweder schönen Rosetten oder Marmorierung. Die Kater werden oft sehr groß, muskulös und bis zu zehn Kilogramm schwer. Ihr Wesen ist freundlich und liebevoll und die Bengal will immer dort sein, wo ihr Halter ist.

Die Wildkatzenverwandtschaft hat ihr vor allem eine gehörige Portion Temperament und Intelligenz mitgegeben. So steckt sie voller Überraschungen, klettert und springt gern, öffnet Türen, apportiert und liebt zum Beispiel auch das Wasser. In der Wohnung fühlt sie sich von Wasserquellen magisch angezogen. Im Kontakt mit anderen ist sie freundlich. Sie spielt am liebsten ein bis zwei Stunden und das auch noch als alte Katze. Daher sollten Bengalen nur in sehr seltenen Fällen allein gehalten werden. Ein Mensch als Spielkamerad kommt schnell an seine Grenzen. Sie kann gut in der Wohnung gehalten werden. Aber wichtig ist, dass das Jungtier aus einer seriösen Zucht stammt und behütet aufgewachsen ist.

SIE PASST ZU Familien, in denen etwas los ist, etwa solche mit größeren Kindern, die Spaß an einer aktiven und gelehrigen Katze haben.

IM BENGALENPELZ steckt ein temperamentvoller und verschmuster Stubentiger

ALS WASSERLIEBHABER wurden die Van-Katzen bekannt. Doch nicht jede Türkisch Van macht sich gern die Pfoten nass.

TÜRKISCH VAN

WESEN UND AUSSEHEN Diese Katzen, die aussehen wie Milch und Honig haben eine weite Reise hinter sich: Sie kamen vom Van-See, der von uns aus gesehen in der hintersten Türkei liegt, in den Westen. Sehr auffällig ist ihre markante Zeichnung: Weiß mit Rostrot an den Ohren, der Schwanzspitze und anderen Körperstellen, mal mit mehr, mal mit weniger Farbe. Sie ist eine Verwandte der Türkisch Angora und wie diese eine Halblanghaarkatze. Wie Maine Coon oder Norwegische Waldkatzen bekommt die Van im Winter ein dichtes, längeres Fell mit „Höschen" und Halskrause. Im Sommer fällt der dicke Pelz aus und es bleibt ein etwas kürzeres, am Körper enger anliegendes Sommerkleid übrig. Nur der Schwanz ist ganzjährig buschig behaart. Van-Katzen sind sehr lieb, verspielt, anhänglich und einfallsreich. Trotz ihrer Größe ist eine Van schnell und wendig – eine geschickte Mäusefängerin. Wo keine Mäuse sind, braucht sie viel Spielzeug. Das darf in einer Van-Wohnung keinesfalls fehlen. Sie ist lebhaft, vom Wasser fasziniert und sie liebt Fisch.

SIE PASST ZU einem Menschen, der eine anhängliche Katze keinesfalls als lästig empfindet. Mit einer Van lässt sich eine enge, innige Beziehung mit sehr viel Spaß aufbauen. Sie gehört zu Menschen mit viel Platz, die gern scherzen und spielen.

DIE TÜRKISCH ANGORA wird heute in vielen Farben gezüchtet.

TÜRKISCH ANGORA

WESEN UND AUSSEHEN Die Angorakatzen waren einst so edel und wertvoll, dass nur Adelige sich diesen orientalischen Luxus leisten konnten. Reisende brachten solche langhaarigen Katzen schon vor rund 400 Jahren nach Europa mit, wo sie an den Höfen teuer gehandelt wurden. Damals stand das Wort „Angora", das sich von Ankara ableitet, für langes Haar und galt für alle langhaarigen Katzen. Im 19. Jahrhundert wurden die schlanken Angoras allmählich von der wesentlich runder und kompakter gebauten Perserkatze verdrängt. Katzen aus türkischen Zoos dienten für den Neuanfang der Angora als eigenständige Rasse, anerkannt seit 1989. Eine Türkisch Angora ist eine schlanke und anmutige Erscheinung, trägt ein mittellanges, seidig fließendes Fell ohne Unterwolle. Diese Schönheit setzt durch, was sie will, vom Schmusen bis zum Schlafen auf dem Seidenkissen. Schon nach wenigen Wochen ist sie die heimliche Herrscherin in ihrem neuen Zuhause. Sie lebt gern gesellig mit Mensch und anderen Tieren und schmollt, wenn man sie allein lässt.

SIE PASST ZU ausgeglichenen Menschen, die ihr ein ruhiges, stabiles Umfeld bieten. Sie liebt einen geregelten Alltag, in dem sie total verwöhnt wird.

BURMA

WESEN UND AUSSEHEN Die Burma begann ihre Karriere als Glückskatze im ostasiatischen Staat Birma, der früher Burma hieß. Sie ist eine mittelgroße Kurzhaarkatze, deren Vorfahren schon vor 500 Jahren als Glücksbringer in Schriften erwähnt werden. Besonders auffällig an ihr sind ihre großen, golden leuchtenden, ausdrucksvollen Augen und ihr seidenglänzendes Fell, für das das tägliche Streicheln die beste Pflege ist. Die meisten kennen die Burma nur in diesem wunderschön glänzenden Braun (Seal-Braun). Es gibt heute jedoch viele weitere Farben. Faszinierender noch als dieses Glanz-Fell sind ihr Charme und ihre lustigen Ideen. Viele andere Katzen schlafen nur auf dem Kratzbaum weiter, wenn ihr Mensch heimkommt, oder kommen angetrabt und sitzen in der Nähe der Haustür, startbereit für den Sprint zum Futternapf. Ein Burmahalter wird dagegen stürmisch willkommen geheißen und mit einem eigenen Begrüßungsritual in die Wohnung geleitet.

Die Burma ist verspielt, neugierig, intelligent, anhänglich, unerschrocken, gesprächig, kinderlieb und pflegeleicht.

SIE PASST ZU einer Familie mit Kindern, Katzen und anderen Tieren, in der immer etwas los ist und nie Langeweile herrscht.

SO KINDERFREUNDLICH wie eine Burma sind nur wenige Katzenrassen.

WILD GETUPFT aber zahm im Wesen: Ocicat.

OCICAT

WESEN UND AUSSEHEN Unkompliziert, neugierig, lebhaft, intelligent, anpassungsfähig, freundlich, gute Familienkatze, pflegeleicht. Eine getupfte Kurzhaarkatze mit orientalischem Aussehen und dem Flair wilder Katzen, temperamentvoll und menschenfreundlich, gesellig und gut zu zweit zu halten.

SIE PASST ZU Menschen, bei denen es auch einmal etwas wilder zugehen darf.

KORAT

WESEN UND AUSSEHEN Anhänglich, menschenbezogen, sehr verspielt, aktiv und aufmerksam, gute Wohnungskatze. Eine schlanke Kurzhaarkatze mit blau schimmerndem Fell und herzförmigem Gesicht; lieb, aber dominant, kann sehr gut springen und klettern und lebt sehr intensiv, ähnlich wie eine Siamkatze. Sie braucht nicht unbedingt eine Möglichkeit, nach draußen zu gelangen.

SIE PASST ZU einer eher wenig dominanten Zweitkatze und zu einem Halter, der sie an all seinen Aktivitäten teilnehmen lässt.

SEIDENGLANZ fürs Wohnzimmer: Korat.

DER CHARAKTER ist eher ruhig: Russisch Blau.

RUSSISCH BLAU

WESEN UND AUSSEHEN Sehr anhänglich, lieb, menschenbezogen, verschmust, eine gute Mäusefängerin und Wohnungskatze. Eine Kurzhaarkatze mit blaugrauem schimmerndem Fell und grünen Augen, die eine tiefe Bindung zu ihrem Halter eingeht. Vom Charakter her hat sie vieles mit der Hauskatze gemeinsam.

SIE PASST ZU Menschen, die es etwas ruhiger mögen. Ihren Halter zieht sie einer zweiten Katze vor.

KLEIN ABER FEIN und seelenvoll: Singapura.

EGYPTIAN MAU

WESEN UND AUSSEHEN Verspielt, kinderlieb, intelligent, naturverbunden, gute Mäusefängerin, Familienkatze, pflegeleicht. Diese Nachkommen ägyptischer Katzen sind von ihrer Statur her schlanken Hauskatzen ähnlich. Sie tragen ein getupftes Fellkleid, das wenig Pflege braucht. Sie sind gut als reine Wohnungskatzen zu halten.

SIE PASST ZU Familien, in denen immer was los ist und es etwas zu entdecken gibt. Kinder können mit ihr Kunststücke einüben.

VERSPIELT und neugierig: Ägyptische Mau.

SINGAPURA

WESEN UND AUSSEHEN Neugierig, lebhaft, verspielt, sehr anhänglich, selbstbewusst, kinderlieb und pflegeleicht. Diese Kurzhaarrasse ist sehr klein, muskulös und trägt ein sehr seidiges Fell. Eine zweite Katze, egal welcher Rasse, ist für sie geradezu ein Muss.

SIE PASST ZU fast jedem Menschen. Unkompliziert gliedert sie sich in jede Umgebung ein. Fremden gegenüber bleibt sie in der Regel zurückhaltend.

NEUE RASSE aus den USA: Selkirk Rex.

REXKATZEN

WESEN UND AUSSEHEN Verspielt, neugierig, gutmütig, anhänglich, intelligent, gute Familienkatze, pflegeleicht. Rassen, die als „Rex“ bezeichnet werden, zum Beispiel German Rex oder Devon Rex, haben relativ dünnes, gelocktes Kurzhaar und eine schmale Figur. Rundlich ist dagegen die Selkirk Rex. Dünne Rex sind keine Katzen für draußen, sondern sind eher als Wohnungskatzen glücklich und zufrieden.

SIE PASSEN ZU Menschen, die viel zu Hause sind.

FREUNDE WERDEN
ist manchmal eine Kunst

SOLLEN ZWEI WURFGESCHWISTER GEMEINSAM ZU IHNEN ÜBERSIEDELN, IST DAS EINGEWÖHNEN EINE EINFACHE SACHE. HABEN SIE SCHON EINE KATZE UND WOLLEN IHR JETZT EINE ZWEITE HINZUGESELLEN, MÜSSEN SIE KATZENPSYCHOLOGISCH SCHLAU VORGEHEN.

KENNENLERNEN *und eingewöhnen*

Wenn Sie zwei Jungtiere zu sich holen, gewinnen Sie einen unschätzbaren Startvorteil: Die beiden müssen sich nur an die neue Umgebung und an Sie als ihren Besitzer gewöhnen, aber nicht an eine fremde Katze. Zwei bereits miteinander verträgliche Katzen leben sich in eine neue Umgebung einfach und schnell ein.

GUT VORBEREITEN

Als Vorbereitung richten Sie Ihre Wohnung katzengerecht ein. Das Mindeste, was Sie für jede Katze separat benötigen, sind: Katzenklo, Näpfe, eine Kratzstelle und ein Schlafplatz. Sie zeigen den Katzen als Erstes, wo was steht, tragen sie durch die Räume und setzen sie dann in oder neben den Katzentoiletten ab, die möglichst nicht direkt nebeneinanderstehen sollten.

ZU ZWEIT HEREINSPAZIERT

Häufig müssen Katzen nach einer aufregenden Autofahrt erst einmal für Erleichterung sorgen, und dann wissen sie sofort, wo sie dürfen, wenn sie müssen. Danach erkunden sie neugierig ihr neues Reich, und nach ein paar Tagen wird sich keine mehr unwohl oder fremd fühlen. Die beiden lernen schnell, wo es Futter, Wasser, kuschelige Schlafplätze, eine Kratzstelle und eine Möglichkeit, „Geschäftliches" zu erledigen, gibt.

Sollen sie nicht ins Schlafzimmer dürfen, lassen Sie die Katzenbande auch nicht hinein. Nicht ein einziges Mal. Wenn Sie eine große Wohnung oder ein Haus haben, sperren Sie zunächst einen Teil davon für die Katzen ab, bis diese sich in ihrer neuen Umgebung zurechtfinden. Wie Sie Ihre Wohnung zum Katzenparadies verwandeln können, sehen Sie im letzten Kapitel.

EXPERTENTIPP Die Futternäpfe, eine Trinkstelle und die Katzentoiletten sollten nicht in unmittelbarer Nahe zueinander stehen.

ERZIEHEN SIE SOFORT

Bei aller Katzenliebe, aber lassen Sie sich nicht von zwei Katzen auf der Nase herumtanzen! Es kann sein, dass Sie nach kurzer Zeit Ihr Zuhause nicht mehr wiedererkennen – zu sehr stellt Ihnen das Pärchen anfangs und ungebremst die Bude auf den Kopf. Sie werden also schnell damit beginnen, Ihre Katzen zu erziehen und ihnen das Wort „Nein" begreiflich machen. Verbieten Sie mit fester und kräftiger Stimme, verzichten Sie aber bitte auf Schläge und andere Gewalt. Katzen sind sehr nachtragend.

EIN SELTENER FALL: KEINER KENNT KEINEN

Übernehmen Sie zwei Katzen, die sich vorher nicht kannten, erkundigen Sie sich unbedingt nach den Vorerfahrungen der Beteiligten. Waren beide immer in Gesellschaft anderer Katzen, können Sie auf ein problemloses Miteinander hoffen. Beim Zusammentreffen der beiden spielt dann die individuelle Sympathie eine recht große Rolle. Und hier gilt: Gleich zu Gleich gesellt sich gern. Ruhig zu Ruhig und Lebhaft zu Lebhaft.

EINE GEHT, EINE KOMMT

Muss sich die Mieze an einen Neuling gewöhnen, heißt sie diesen nicht automatisch als Kamerad willkommen, sondern empfindet ihn vielleicht mehr als Eindringling und Rivalen. Wenn Sie eine verstorbene Katze durch eine junge ersetzen oder gar zwei fremde erwachsene Stubentiger zueinandergesellen wollen, ist die Situation schwieriger. Im Prinzip jedoch gehen Sie in diesen beiden Fällen gleich vor: planmäßig, behutsam und Schritt für Schritt, ohne etwas zu überstürzen. Bei uns Menschen entscheiden schon die ersten Sekunden einer Begegnung darüber, ob zwei sich prinzipiell sympathisch sind. Bei Katzen scheint das genauso zu sein, obwohl wir sie natürlich nicht über ihre Gefühle in der Kennenlernsituation befragen können.

EIFERSUCHT VERMEIDEN

Unterschätzen Sie nicht die Eifersucht Ihrer Erstkatze, selbst wenn sie anderen Tieren gegenüber freundlich gesinnt ist! Stellen Sie sicher, dass die Hauptbezugsperson Ihrer Erstkatze, vermutlich Sie selbst, auf keinen Fall den Neuling bringt oder vorstellt. Nicht einmal streicheln sollte sie die Neue anfangs. Die „Hausherrin" soll ihren Menschen ganz für sich haben. Und wenn Sie das sind, bitten Sie eine zweite Person, sich des Neulings anzunehmen. Wenn Sie diesen Rat beherzigen, können Sie zwei grundsätzlich gesellige Katzen zusammenbringen, indem die Neue in ihrem Korb gebracht wird. Dann sehen Sie, wie die Erstkatze reagiert, und natürlich auch, ob der Neuankömmling sich halbwegs neugierig

Info

TRENNUNGEN VERMEIDEN

Damit die Harmonie zwischen zwei Wurfgeschwistern erhalten bleibt, sollten Sie beide frühzeitig kastrieren lassen, lange Trennungen der beiden vermeiden und dafür sorgen, dass eine zurückgebrachte Katze nicht fremd riecht. Vermeiden Sie insbesondere, dass sie noch nach Narkose riecht, wenn sie von einer Operation heimkommt.

FREUNDLICHE GESTEN

BASICS

[a]

[b]

[a] NASENKUSS Zur Begrüßung gibt's bei Katzen ein Küsschen von Nase zu Nase oder ein …

[b] … SICH-HERANDRÜCKEN Das heißt: „Du gehörst mir und wirst mit Geruch fein markiert."

[c] ANALKONTROLLE Aus erster „Rück"-Hand sozusagen erfahren Katzen alles über die Fortpflanzungsfähigkeit ihres Gegenübers.

[d] FÜRSORGE Erst mit der Geschlechtsreife ihres Jungtiers hört die Bemutterung endgültig auf.

[c]

[d]

zeigt. Das kann einige Stunden oder länger in Anspruch nehmen (siehe Seite 68: 7-Punkte-Programm). Beschnuppern sich die beiden durch die Gitterstäbe und reagieren freundlich, dann, aber erst dann, können Sie den Korb öffnen, während Sie die Erstkatze etwas ablenken.

DER SCHWIERIGSTE FALL

Einer überzeugten Einzelkatze das Leben an der Seite eines Artgenossen schmackhaft zu machen, ist nicht gerade einfach. Eine ältere Einzelkatze hängt kaum ein Herzlich-willkommen-Schild an die Haustür. Viel eher steht dort in unsichtbarer Katzenschrift: „Das Betreten mit vier Pfoten ist verboten!“
Es gibt aber gute Gründe, dennoch einen Versuch zu wagen, zum Beispiel der Umzug in eine andere Wohnung, Berufstätigkeit oder die Freude an der Katzenhaltung. Gehen Sie in diesem Fall bei der Zusammenführung der beiden Katzen mit viel Geschick und Einfühlungsvermögen vor und beherzigen Sie die Hinweise auf den folgenden Seiten.

STREIT Auch verträgliche Katzen sind sich nicht immer grün. Mischen Sie sich in Streit nicht ein, lassen Sie einfach „Gras darüber wachsen“.

FLUCHTPUNKT Jede Katze braucht einen Ort, an den sie sich zurückziehen kann.

STILLES ÖRTCHEN Auch für „Geschäftliches" braucht jede Katze unbedingt ihre Ruhe.

HEIMVORTEIL BERÜCKSICHTIGEN

Will man zwei Katzen vergesellschaften, die bisher als Einzeltiere gelebt haben, oder einer rechten Kratzbürste eine zweite Katze zur Seite geben, muss man der einen Katze erst einmal den Heimvorteil nehmen. Man kann beide Katzen getrennt zu Bekannten bringen und dort auf neutralem Boden zusammenführen. In der Regel verliert eine Katze nach etwa vier bis fünf Wochen den Revieranspruch auf ihr Zuhause. Sind beide Katzen revierfremd, ist es leichter, sie aneinander zu gewöhnen. Es bleibt aber immer ein Risiko, wenn man die Verhaltenstypen nicht beachtet (siehe Seite 25). Weniger dominante Tiere können sich auch im Zuhause der Erstkatze das erste Mal beschnuppern.

EXPERTENTIPP Falls sich die beiden Katzen absolut nicht riechen können, wäre es günstig, den Neuling sofort zurückgeben zu können.

Checkliste

DIE RICHTIGE VORBEREITUNG

- [ ] Entscheiden Sie, wo Sie die Katzen zusammenführen wollen und welche Methode voraussichtlich den größten Erfolg verspricht (auf neutralem Gebiet oder bei Ihnen).
- [ ] Wählen Sie den Tag für den Erstkontakt sorgfältig aus (Urlaub, Feiertage).
- [ ] Bereiten Sie die Wohnung für den Neuankömmling vor (separates Zimmer).
- [ ] Besorgen Sie alles, was Sie für die zweite Katze dauerhaft benötigen (Toilette, Näpfe, Schlafplatz, Bürste, eventuell auch anderes Futter) und was für die Gewöhnungsphase nötig werden wird (etwa ein Trenngitter für die Tür).

ZUWENDUNG

BASICS

[a] ZÄRTLICHKEIT Warten Sie nicht, dass die Katzen zu Ihnen zum Schmusen kommen. Beginnen Sie selbst damit.

[b] GUTES FUTTER Füttern Sie gutes, hochwertiges Futter, denn das hält sie gesund und beugt Allergien vor.

[c] GESUNDHEIT Einmal im Jahr sollten Sie Ihre Katzen zum Tierarzt bringen und nachimpfen lassen, falls es nötig ist.

[d] BESCHÄFTIGUNG Das schönste Spielzeug ist eines, das sich bewegt. Ziehen Sie Schnüre, werfen Sie Stoffmäuschen, rollen Sie Kugeln.

GLEICHUNG MIT ZWEI UNBEKANNTEN

Katzen, die vorher schon in Gruppen gelebt haben, lassen sich in der Regel rascher in einen neuen Haushalt integrieren als solche, die vorher lang allein gelebt haben. Soll nun eine fremde Katze zu einer einzelnen dazugesellt werden, greifen wir auf die Erfahrungen der Tierschützer zurück. Die sind sehr geübt darin, Katzen zusammenzugewöhnen. Allerdings ist nicht jede Situation im Tierheim eins zu eins auf die des Katzenhalters übertragbar, da im Privathaushalt eine der Katzen bereits einen Heimvorteil genießt, eine Beziehung zu den Menschen entwickelt hat und sich in der Wohnung vertraut fühlt. Das müssen Sie berücksichtigen.

VOR DER ERSTEN BEGEGNUNG

Nehmen Sie sich viel Zeit, vielleicht ein paar Tage Urlaub, und beschäftigen Sie sich viel mit Ihrer Katze. Respektieren Sie jedoch das erhöhte Schlafbedürfnis einer noch jungen Katze. Sorgen Sie für eine ruhige Umgebung und räumen Sie zunächst auch alle vorhandenen Katzenspielsachen weg. Vermeiden Sie, dass Ihre Katze Ihnen beim Essen zusieht, und geben Sie ihr keinesfalls etwas vom Tisch.

DUFTE TRICKS

Da Düfte für Katzen eine größere Rolle spielen als für uns, ist es keine schlechte Idee, den Neuling erst dann ins Haus zu holen, wenn er geruchlich präpariert wurde, zum Beispiel mit Räucherlachsfingern gestreichelt, mit zerriebener Bierhefe eingestaubt oder gar mit der Kuscheldecke der Altkatze abgerubbelt wurde. Weitere Möglichkeiten dafür sind hochverdünntes Essigwasser, Catnip und Babypuder.

Info

VOLLER IMPFSCHUTZ

Sorgen Sie dafür, dass nur geimpfte, gesunde Katzen zusammengeführt werden, da Erkrankungen wie FIV, FIP, Leukose u. a. durch Kratzer und Bisse übertragen werden. Auch reine Wohnungskatzen müssen mit einem Microchip gekennzeichnet sein und brauchen einen umfassenden Impfschutz, auch gegen Tollwut. Denn auch sie können entlaufen, und nur so haben sie eine Chance zu überleben und wieder zurückgebracht zu werden.

EINE SCHUTZZONE muss sein. Für eine schwierige Eingewöhnung ist ein solcher Korb allerdings nicht groß genug. Besser ist ein Zimmerkäfig mit Rückzugsmöglichkeiten.

DAS 7-PUNKTE-PROGRAMM INS KATZENGLÜCK

Die hier beschriebene Vorgehensweise, zwei fremde Katzen aneinander zu gewöhnen, beschreibt Irene Schellenbeck vom Wuppertaler Tierschutzverein „Licht im Dunkeln e. V." als die mit den besten Erfolgsaussichten.
Als bester Zeitpunkt für das erste Rendezvous eignen sich der Morgen und der Vormittag, da Katzen dann in der Regel nicht so kampflustig sind wie am späten Nachmittag und abends.

1. RAUM EINRICHTEN

Stellen Sie für das Kennenlernen nicht gleich die ganze Wohnung zur Verfügung, sondern erst nur einen Raum, der mit zwei Katzentoiletten ausgestattet wird. Erst wenn die Katzen dort aneinander gewöhnt sind und etwa zwei bis drei Tage zusammengelebt haben, stellen wir nach und nach einen Raum mehr zur Verfügung. Es kann sonst dazu kommen, dass die Katzen die Wohnung oder das Haus in zwei Reviere teilen und die Vergesellschaftung stark erschwert oder unmöglich gemacht wird.

2. FÜTTERN

Füttern Sie beide Katzen vor ihrer ersten Begegnung. Dann entfernen Sie die Näpfe zunächst wieder und füttern die Katzen später, wenn sie friedlich sind, in weiter Entfernung voneinander. Brauchen die Katzen so viel Zeit, bis sie sich akzeptieren, dass Sie wieder füttern müssen, dann verteilen Sie das Trockenfutter im Raum an vielen Plätzen, die alle möglichst weit voneinander entfernt liegen.

3. BESCHNUPPERN

Ist die Vergesellschaftung nur im Revier einer Katze möglich, dann arbeiten wir mit Gittertüreinsätzen (Volierendraht) zwischen zwei Zimmern oder mit einem Zimmerkäfig, der an vier Seiten (oben und an drei Seiten) verhangen wird. Der Käfig muss groß genug sein, damit die „gefangene Katze“ in eine dunkle Ecke zurückweichen kann, und auch das sollte nur unter Aufsicht stattfinden.

EINES FÜR ALLE Füttern Sie getrennt, aber etwas Leckeres, das beiden schmeckt.

ALLES FÜR EINEN Hunger macht aggressiv. Deshalb erst füttern, dann begegnen lassen.

4. BEGEGNEN

Solange eine Katze böse faucht, spuckt, buckelt oder auch nur die Ohrmuscheln nach hinten dreht, wird die andere nicht ins Zimmer oder aus dem Käfig gelassen. Nehmen Sie dann die alte Katze zum Erstkontakt mit der neuen ohne schützende Tür auf den Schoß. Setzen Sie die neue ebenso auf einen erhöhten Platz, damit sie sich nicht bedroht fühlt. Wählen Sie einen Ort, den die Alteingesessene gewöhnlich nicht häufig betritt, und auf keinen Fall in der Nähe des Lieblingsschlafplatzes. Setzen Sie die beiden täglich mehrmals

MÜDE KATZEN haben wenig Lust zu kämpfen. Fürs Kennenlernen ist das wiederum günstig.

MUNTERE KATZEN brauchen Unterhaltung und raufen dann auch gern.

zusammen – je nachdem, wie sie sich benehmen, nur für ein paar Minuten oder sogar für eine ganze Stunde. Erst wenn die Gefahr gebannt ist, dass eine Katze angreift, können Sie den Tieren die Türen öffnen.

5. SICHERE GESCHÄFTE

Für jede Katze brauchen Sie auch unbedingt eine eigene Katzentoilette. In der Eingewöhnungszeit nehmen wir keine geschlossenen Hauben, sondern nur offene Toilettenschalen, damit die Katzen aus der Toilette flüchten können, sollten sie dort angegriffen werden. Die Toiletten stehen am besten so, dass sie an zwei Seiten von Wänden geschützt sind, damit die Katzen sich dort sicher fühlen können und sich niemand von hinten nähern kann.

OHREN GESPITZT heißt: Ich bin interessiert, offen, zugewandt und freundlich. Liegen die Ohren an, faucht und buckelt sie mit gesträubtem Haar, fliegen gleich die Fetzen.

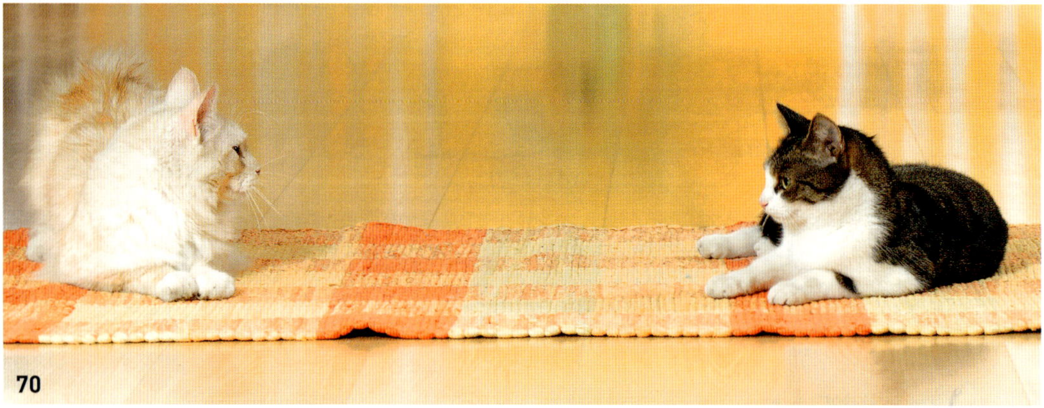

VON OBEN sieht die Welt für eine Katze freundlicher aus. Sich auf einen hohen Posten zurückziehen zu können, gibt ihr Sicherheit.

6. RÜCKZUGSGEBIETE

Beiden Katzen müssen reichlich Schutzhöhlen zur Verfügung stehen. Notfalls kann man mehrere Pappkartons aufstellen. Es kann einige Tage dauern, bis sich die Katzen akzeptieren. Besser, Sie stehen in dieser Zeit nicht unter Zeitdruck und haben auch die Möglichkeit, wirklich aufzupassen. Suchen Sie sich eine ruhige Beschäftigung, lesen Sie beispielsweise ein Buch, sehen Sie einen Film an, falten Sie Wäsche, sortieren Sie Papiere oder Fotos etc.

7. IM NOTFALL EINGREIFEN

In schwierigen Fällen sollten Sie Lederhandschuhe tragen, jedoch nur solche, die es Ihnen noch ermöglichen, sich eine Katze zu greifen. Auch nützlich: eine Pflanzenwasserspritze. Ein fest gewebter langärmliger Pulli schont die Arme, falls man eingreifen muss. Es kann sinnvoll sein, einen Helfer mit einzuladen, falls man kämpfende Katzen trennen muss. Er kann dann eine Katze aus dem Zimmer bugsieren, während Sie die zweite Katze ablenken.

UND WIE GEHT'S WEITER?

Nach dem Kennenlernen entwickelt sich die Beziehung der beiden Tiere erst noch. Möglicherweise merken Sie es erst relativ spät, wenn etwas nicht so gut weitergeht, wie Sie erhoffen. Beobachten Sie immer gut, wie beide Katzen miteinander umgehen. Sicher ist, dass eine Einzelkatze einem Newcomer erst einmal zeigt, wo's langgeht (im Zweifelsfall dorthin, wo der Pfeffer wächst). Ob die Altein-

ENGEN KÖRPERKONTAKT lassen fast nur solche Katzen zu, die gemeinsam groß geworden sind.

gesessene die Oberhand behält oder die Neue ihr den Rang abläuft, muss sich zeigen. Als Halter tut man gut daran, seiner Erstkatze Sicherheit zu geben, indem man sich nicht selbst gleich dem Neuling zu Füßen wirft.

NUMMER EINS BLEIBT NUMMER EINS

Ein wenig Zank und Streit muss man in der Regel aushalten, ohne den Neuling zu bevorzugen oder gar bei kleineren Kabbeleien in Schutz zu nehmen. Das fällt schon schwer, aber wenn Ihre Nummer eins erst einmal allen klargemacht hat, dass das auch weiterhin so ist, kehrt schneller Frieden ein als dann, wenn ein Neuling der alten Katze den Rang abläuft.

VORSICHT FALLE

Damit das nicht geschieht, passen Sie bloß auf, dass Sie nicht den liebreizenden und vom „Platzhirsch" misshandelten Neuzugang beschützen, hätscheln und liebkosen, während Sie die ohnehin schon eifersüchtige Erstkatze ständig schimpfen. Denn dann passiert Folgendes:

DIE NEUE TRUMPFT AUF

Das gibt andauernden Streit und ziemlich sicher auch Unsauberkeit oder andere Unarten wie Tapetenkratzen etc. Besorgen Sie sich zur Besänftigung der Tiere eventuell beim Tierarzt einen Hormonverdampfer. Auch homöopathische Mittel und Bachblüten können harmonisierend auf die Katzen einwirken. Diese schwierigste aller Konstellationen ist nur solchen Katzenhaltern zu empfehlen, die sich in die Katzenseele einfühlen können, die viel Zeit für ihre Miezen haben und auch bereit sind, auf manche Annehmlichkeiten zu verzichten.

EXPERTENTIPP Die Eingewöhnung kann wochenlang dauern. Darauf muss man vorbereitet sein. Eine Urlaubsreise ist in dieser Zeit nicht möglich.

KATZENZÜCHTER halten als einzige freiwillig potente Kater und Weibchen zusammen in der Wohnung. Zwei potente Zuchtkater – das geht kaum.

EIN ELTERNPAAR

Katze und Kater als fruchtbares Paar zu halten, ist sogar den meisten Züchtern zu stressig. Einfacher ist es für jemanden, der Katzennachwuchs will, eine rollige, also paarungsbereite Katze zum Deckkater zu bringen. Hält jemand einen potenten Kater in der Wohnung, in der er sich frei bewegen kann, riecht man das meistens schon an der Tür. Wenn man Pech hat, markiert der Kater nämlich, was das Zeug hält.

Die Katze indes trägt einen Wurf nach dem andern aus und hat für den Kater keine spezielle Verwendung, außer für ihren eher misslichen Dauerzustand. Normalerweise verstehen sich die beiden durchaus, aber eine werdende Katzenmutter ist gestresst, genervt, empfindlich, geschwächt und häufig unterernährt.

Das Verhältnis der beiden ist in dem Fall zweitrangig, denn diese Art der Katzenhaltung ist für die Tiere unter Umständen eine Qual, zumindest dann, wenn keine Verhütungsmittel die Babyflut verhindern. Der Vaterkater ist im Übrigen zum Nachwuchs durchaus freundlich. Züchter halten die potenten Kater deshalb oft in separaten Räumen. Käme ein fremder Kater in die Wohnung und somit ein Rivale für den ersten, dann wären die kleinen Katzenkinder wirklich in Gefahr.

EXPERTENTIPP Auch unter Wurfgeschwistern gibt es Paare, die nur scheinbar gleichberechtigt nebeneinander und miteinander leben. Das täuscht, denn eine der beiden hat sicher das Sagen. Solange Sie keine der beiden bevorzugen, dürfte das problemlos bleiben.

MUTTER-KIND-BEZIEHUNG

Hat eine Einzelkatze Junge bekommen, will sie diese später alle miteinander aus dem Haus haben. Hat ein geselliges, soziales Weibchen Nachwuchs, akzeptiert sie mitunter auch ein Kätzchen, das im Haushalt bleiben soll. Während der Entwöhnungsmonate (ab etwa der 20. Lebenswoche) sind Kämpfe zwischen ihr und den Jungtieren allerdings normal. Immerhin ist die Kätzin darauf programmiert, jedes Jungtier zu vertreiben, ganz unabhängig davon, ob sie eine Katze ist, die ihren Artgenossen prinzipiell freundlich gesinnt ist. So haben die eigenen Kinder eher schlechtere Karten als fremde, für deren Erziehung sich eine Kätzin nicht automatisch verantwortlich fühlt.

EXPERTENTIPP Einer überzeugten Alleinkatze tut man keinen Gefallen, wenn man ein Junges behält. Wenn doch, dann sorgen Sie dafür, dass nicht auch noch Eifersucht die Beziehung belastet.

JUNGTIERE fressen noch aus Mamas Futternapf, später sollten sie einen eigenen Napf bekommen, denn dann sind sie Konkurrenz um Nahrung und Zuneigung.

Jetzt kommen SIE *ins Spiel*

WER SIND SIE IN DEN AUGEN IHRER KATZEN? FINDEN SIE ES HERAUS, ODER BESSER: GESTALTEN SIE DAS VERHÄLTNIS ZU IHREN KATZEN BEWUSST SO, WIE SIE ES HABEN MÖCHTEN. SORGEN SIE GUT FÜR IHRE TIERE, DANN BEKOMMEN SIE AUCH VIEL LIEBE ZURÜCK.

GEMEINSAM *glücklich werden*

Zwei Katzen entwickeln eine genauso enge Beziehung zum Halter wie eine Einzelkatze. Was neu hinzukommt ist, dass die Tiere auch untereinander „ein Verhältnis" entwickeln. Wie Sie als Halter darauf unwissentlich oder absichtlich einwirken, sollten Sie wissen. Solche Erfahrungen machen es richtig spannend, mit zwei Katzen zu leben.

UNSERE ROLLE ALS KATZENMUTTER

Aus der Sicht der Katzen spielen wir die Rolle der Mütter, und die Männer mögen hier die Betonung der Weiblichkeit verzeihen. Sie werden von den Katzen ganz einfach zu „Ehrenmüttern" ernannt. Die echten Katzenpapas haben normalerweise nicht viel zu melden. Wer füttert und sich kümmert – das sind bei den Miezen noch immer die Weibchen. Und Katzen ist es egal, ob ihr Versorger ein Herrchen oder ein Frauchen ist, zumindest ist noch nichts darüber bekannt, dass Katzen generell einen Unterschied in diesem Punkt machen würden. Wem eine Katze ihre Zuneigung schenkt, hängt vielmehr von ihren positiven Erfahrungen mit den Menschen ab oder besser: mit einem bestimmtem Menschen.

VERWÖHNSTRATEGIE

Sorgt immer einer für das leibliche Wohl, ohne das Jungtier nach Katzenart irgendwann mit Ohrfeigen in die Selbstständigkeit zu verabschieden, genießen die Nesthocker somit ihr unbeschwertes, stressfreies, rundum versorgtes Dasein – ganz ähnlich unseren Kindern. Wem hierbei nun sein eigener Nachwuchs einfällt – die katzenpädagogische Ohrfeigenmethode kann nicht zur Nachahmung empfohlen werden. Sie hat nämlich einen Nachteil: Die jungen Katzen hauen dann für immer ab und ein Zurück gibt es nicht. Bleiben wir also bei der mütterlichen Verwöhnstrategie: mit so viel Liebe wie möglich und nur so viel Strenge wie nötig. Dann liegen uns die lieben „Katzenkinder" auch im Doppelpack gut 15 Jahre lang zu Füßen.

SZENEN EINER KATZENEHE

Was erwartet den künftigen Zweikatzenhalter? Zwischen Entzücken über die zwei und Kopfschütteln über ihre Spinnereien liegen oft nur Momente. Nehmen Sie zwei, die in einem Körbchen ein niedliches Pelzknäuel bilden, aus dem hier und da eine Pfote unbekannter Herkunft herausragt. Weckt man sie, kommen aus diesem Knäuel zwei neugierige Köpfe emporgeschossen, um zu sehen, was es gibt. Futterdosengerappel lässt sie blitzartig ihre Körperteile sortieren und mit hocherhobenem Schwanz in die Küche rennen. Dort jedoch wendet sich manchmal das Blatt. Dann schiebt der Futterneid die Liebe erst einmal aufs Abstellgleis.

Plötzlich schubsen sie sich gegenseitig die Schnauze aus dem Napf, selbst wenn jede einen eigenen hat, und fauchen sich an. Zurück auf den Kratzbaum darf auch nur noch eine. Die andere zieht mit bösen Blicken von dannen. Und was machen die Miezen zwei Stunden später? Sie sitzen versöhnt zusammen auf der Fensterbank und schauen nach draußen. Sehr viele Katzenpaare sind gerade so, dass man niemals hundertprozentig weiß, woran man gerade ist, mal allerliebst, mal kratzbürstig – eine wirklich unwiderstehliche Mischung, ein bisschen wie kleine Kinder, nur nicht so laut.

KLARE VERHÄLTNISSE sorgen für Frieden. Zeigen Sie Ihrer Erstkatze, dass sie die Nummer 1 bleibt.

DAS ZIEL IST HARMONIE

Wer würde nicht einen friedlichen Alltag, ein harmonisches Zusammensein und einen liebevollen Umgang miteinander als ideal ansehen? Fühlt sich aber nur einer in einer Lebensgemeinschaft nicht wohl, dann können Sie lange auf harmonische Zustände warten. Das ist wie in einer Familie. Auch wenn es Wissenschaftlern nicht immer passt, Tiere mit Kindern zu vergleichen, ist die Betrachtungsweise in diesem Fall sehr nützlich. Denn die meisten Probleme, die entstehen können, haben letztlich damit zu tun, dass sich eine Katze nicht mehr geliebt, zurückgewiesen, unbeschützt und weggestoßen fühlt. Deshalb: Reagiert eine Katze eifersüchtig auf die andere, schenken Sie ihr wieder mehr Aufmerksamkeit und unterlassen Sie alles, was ihre Eifersucht anstacheln könnte.

WAS TUN BEI EIFERSUCHT?

Eifersucht kann schon durch kleine Alltagssituationen ausgelöst werden, z. B. das Sitzen einer Katze auf dem Schoß, die Erlaubnis, zu Frauchen oder Herrchen ins Bett zu hüpfen, wer zuerst gefüttert wird etc. Die neue Katze bekommt besser von Anfang an nicht mehr Zuwendung als die Altkatze. Es ist hilfreich, gerade jetzt die Erste betont zu bevorzugen, um ihr emotionale Sicherheit zu geben. Halten Sie ihre gewohnten Streichelstunden ein, füttern Sie sie zuerst. Begrüßen Sie sie vor der anderen. So vermeiden Sie, dass sie auf den Neuling eifersüchtig wird. Und bitten Sie schließlich jemand anders aus der Familie, die von Ihnen auf Distanz gehaltene Katze zu verhätscheln. Und wenn es keinen gibt, dann müssen Sie etwas anderes finden, das den Ausgleich schafft, etwa einen Schlafplatz weit oben, wo Ihre Erstkatze gar nicht hinaufkommt.

EXPERTENTIPP Probieren Sie aus, wie sich das Verhalten der Katzen ändert, wenn Sie die Unterlegene nicht beachten, solange die Dominante im Raum ist. Vielleicht genügt das schon, um den Frieden wiederherzustellen.

SPIELEN SIE mal mit der einen, mal mit der anderen.

DEM EIGENEN NACHWUCHS wird viel nachgesehen. Ab vier Monaten gibt es schon mehr Hiebe als Liebe.

SCHIEBEN SIE ZANK NICHT AUF DIE LANGE BANK

Mischen Sie sich nicht in kleine Rangeleien, sondern schlichten Sie Streit nur, wenn ein Kampf eskaliert. Knallen Sie eine Tür zu, spritzen Sie mit Wasser, pfeifen Sie auf der Trillerpfeife, holen Sie Ihren (friedlichen) Hund ins Zimmer oder lassen Sie Ihren hoffentlich auch friedlichen Papagei aus dem Käfig, aber vermeiden Sie, dass die Tiere merken, dass Sie sich einmischen. Halten Sie Ihre Hände aus dem Streit, sonst werden Sie gebissen. Und vermeiden Sie es, parteiisch zu sein, denn damit kommt neue Eifersucht auf.

Nicht vergessen darf man, dass sich die Rollen sogar umkehren können, wenn etwa eine Katze krank und alt wird oder wenn der Halter grundsätzlich und kontinuierlich der nicht dominanten Katze den Rücken stärkt. Das schwächt den Katzenboss, animiert ihn zu allerlei Fehlverhalten und provoziert Unarten, die man nicht erwartet hat, aber keinesfalls dulden möchte.

HOLEN SIE SICH HILFE

Bessert sich nichts allein dadurch, dass Sie Ihr Verhalten ändern, können Sie unterstützend tiermedizinische, katzenpsychologische oder naturheilkundliche Unterstützung holen (siehe Seite 84), vor allem, wenn eine Katze auch noch unsauber geworden ist und die Katzen sich inzwischen richtig in einem Krieg miteinander befinden. Hilft das auch nicht, gibt man als letzte Maßnahme den Angreifer für ein paar Tage, eventuell einige Wochen, in Pflege, damit er seine Revieransprüche verliert. Wenn man ihn dann zurückholt, muss ER sich eingliedern – und er wird es voraussichtlich dann auch tun. So schildern das erfahrene Mehrkatzenhalter. Am besten legt man vorher fest, welche Privilegien welche Katze hat. Selbstverständlich trennt man Futternapf, Schlafkorb und Katzenklo, damit jede Katze weiß, was ihr gehört. Und vergessen Sie nicht, alle Maßnahmen mit der ganzen Familie abzusprechen, damit sich alle daran halten können.

Info

DOMINANT ODER UNTERLEGEN?

DIE DOMINANTE …

- … schüchtert die Unterlegene ein.
- … frisst zuerst.
- … kann der anderen Futter stehlen.
- … begrüßt als Erste.
- … reibt ihren Kopf am Halter.
- … kratzt demonstrativ an auffällig platzierten Gegenständen.
- … markiert bei Rivalitätsproblemen Haus und Garten.
- … scharrt unter Umständen ihren Kot nicht zu.

DIE UNTERLEGENE …

- … ist defensiv und zeitweise eingeschüchtert.
- … lässt der anderen den Vortritt.
- … verkriecht sich zum Schlafen.
- … ist manchmal unsauber.

UNSAUBERKEIT bedeutet meist Protest.

STUBENREIN sind Katzen von ganz allein.

SCHÖN WOHNEN und ein bisschen verwöhnt werden, gibt Ihren Katzen innere und äußere Sicherheit.

DIE SEELE STABILISIEREN

Medizin und Naturheilkunde können unausgeglichenen Katzen zu größerer psychischer Stabilität verhelfen. Spezialisten finden Sie im Internet, mit Glück auch in Ihrer Nähe.

KATZENPSYCHOLOGISCH

Ein Verhaltenstherapeut analysiert die familiären Strukturen und kann erkennen, durch wen oder was die Aggressionen aufrechterhalten werden. Seinem Rat folgend lässt sich manches Problem leicht lösen.

MEDIZINISCH

Seit einigen Jahren gibt es auf dem Markt katzenbesänftigende Hormonverdampfer, die man in die Steckdose einsteckt. Bei stark verstörten oder aggressiven Tieren kommen auch Beruhigungsmittel zum Einsatz. Aggressionen können auch der Ausdruck körperlichen Unwohlseins sein. Lassen Sie die Katze vom Tierarzt gründlich checken.

ERNÄHRUNG

Tierheilpraktiker decken häufig Überempfindlichkeiten und Allergien als Ursachen für dauerhafte Misslaunigkeit, die zwangsläufig kommt, wenn sich ein Tier unter seinem Pelz nicht wohlfühlt. Sie stellen eine spezielle Diät zusammen.

KRÄUTER

Katzenminze und Baldrian haben zwar eine Wirkung auf Katzen, nicht immer jedoch würde man die Reaktion auf diese Kräuter als beruhigend ansehen.

BACHBLÜTEN

Naturheilkundige empfehlen bei Eifersucht Bachblüten, insbesondere „Holly“.

HOMÖOPATHIE

Für die Wahl des richtigen homöopathischen Mittels muss die Katze einem tierheilkundlichen Fachmann vorgestellt werden.

PHYSIOTHERAPIE

Häufig helfen auch physiotherapeutische Maßnahmen, etwa Katzenmassagen oder TTouch.

ESOTERIK

Es gibt Menschen, die sich so in die Seele eines Tieres einfühlen können, dass sie mit Tieren auf seelisch-geistigem Wege „sprechen“ und somit eine Katze fragen können, warum sie sich so verhält. Vielleicht bekommen Sie über einen solchen

Tierkommunikator einen Aspekt genannt, der Ihnen bisher entgangen ist. Schlimmstenfalls haben Sie Geld umsonst investiert.

DUFTE DÜFTE

Katzen reagieren manchmal auch auf Duftöle. Finden Sie raus, was Ihre besonders gern schnuppern, und beduften Sie zum Beispiel den Schlafplatz damit.

ENTSPANNUNGSMUSIK

So, wie die Bauern gern den Kuhstall mit Mozart-Klängen beschallen, um von glücklichen Kühen mehr Milch zu bekommen, so gibt es auch Musik-CDs, die speziell für Katzen komponiert wurden, die viel allein zu Hause sind.

Info

HITLISTE DER UNARTEN

1. Bei Tisch betteln
2. Topfpflanzen anknabbern
3. An Polstermöbeln kratzen
4. Am Teppich kratzen
5. Morgens zu früh wach und zu laut sein
6. An Tapeten kratzen
7. Futter aus der Schüssel werfen
8. Beim Schmusen plötzlich zubeißen
9. Beim Spielen plötzlich zubeißen und kratzen
10. Futter zuscharren

SPIELEN baut Stress ab. Sorgen Sie für Abwechslung und Anregung.

VERTRAUENSVERHÄLTNIS AUFBAUEN

Viele befürchten, dass zwei Katzen Schwierigkeiten haben, ein Vertrauensverhältnis zum neuen Halter aufzubauen. Doch diese Angst ist völlig unbegründet.

KLEINE GESCHENKE erhalten die Freundschaft. Neues Spielzeug ist immer willkommen.

Wer sich liebevoll um seine Katzen kümmert, um den kümmern sich diese ebenso liebevoll. Die stundenweise Abwesenheit des Halters wird kaum ein Grund für Zurückhaltung sein. Natürlich ist es nötig, nach der Arbeit Zeit mit den Tieren zu verbringen, mit ihnen zu spielen und zu schmusen. Jemand, der auch dafür keine Zeit hat, sollte besser gar keine Katze halten.

ERZIEHEN SIE OHNE STRAFE

Jungtiere müssen trotz aller Liebe erzogen werden, und die schon älteren Katzen können eine Auffrischung der Benimmregeln gelegentlich auch gut brauchen. Zeigen Sie Ihren Unmut, aber strafen Sie nicht. Jede Form der Bestrafung bringt Ihnen einen Rückschritt in Ihrer Beziehung zu den Katzen ein, deshalb verzichten Sie ganz einfach drauf.

EXPERTENTIPP Zeigen Sie den Katzen lieber einmal mehr, was sie dürfen und was nicht. Und wenn sie trotzdem Verbotenes tun, machen Sie es ihnen unmöglich, so gut es geht; wenn sie etwa an verbotenen Stellen kratzen, kleben Sie diese Stellen ab. Oder wenn sie Blumen anfressen oder kaputtspielen, dann kommt die Topfpflanze einfach an einen unerreichbaren Ort.

Dass Sie sauer sind, wenn zwei Katzen quer über den Schreibtisch fegen, zu zweit die Katzenstreu herausscharren oder ihre Krallen an der Tür schärfen, merkt eine Katze von selbst. Liebt Ihre Katze Sie, bessert sie ihr Verhalten so nach und nach von selbst, weil sie Ihren Unmut nicht leiden mag. Sie dürfen nur nicht grollen oder schlagen.

KATZENSPIELZEUG soll Spaß machen, darf aber nicht zu Verletzungen führen.

EXPERTENTIPP Eine halbe Stunde nach einer Untat weiß Ihre Katze sicher nicht mehr, warum Sie böse mit ihr sind. Da geht das gute Verhältnis schnell dahin, und das ganz ohne tieferen Sinn. Nachtragend dürfen Sie also nicht sein.

SPIELEN SIE ZUSAMMEN

Denken Sie nicht, Sie müssten mit Ihrer Katze jetzt nicht mehr spielen! Denn Sie als Mensch erfüllen für die Katzen die Funktion der Maus, was eine zweite Katze kaum freiwillig tut. Katzen lieben es, etwas zu verfolgen, das von ihnen wegläuft. Sie jagen kleinen Stoffmäusen und Tischtennisbällen hinterher. Sie lieben es, sich in Schachteln zu verstecken oder Futter aus kleinen Löchern herauszuangeln. Wenn Katzen miteinander spielen, dann balgen sie sich meistens oder sie verfolgen sich. Aber das Spiel mit Gegenständen, das können nur Sie bieten, indem Sie viel interessantes Spielmaterial mitbringen und sich selbst als Partner bereithalten. Wenn Sie noch Ideen dazu brauchen: In Katzenspielebüchern finden Sie viele weitere Anregungen (siehe Buchtipps im Anhang).

SPIELEN UND ENTSPANNEN

BASICS

[a]

[b]

[a] ANREGUNGEN sind für Jungtiere besonders wichtig. Was sie in diesem Alter noch nicht kennengelernt haben, ängstigt sie vielleicht später.

[b] KUSCHELPLÄTZE Sicher und geborgen müssen sie sich fühlen, um unbeschwert spielen zu können.

[c] KRAULEN Jede braucht ihre Schmuseeinheiten. Denn die geben sie sich nicht selbst, sie brauchen sie von uns.

[d] BAUMELNDES SPIELZEUG ist manchmal schon nach Minuten nicht wiederzuerkennen ...

[c]

[d]

[e]

[f]

[e] FERTIGSPIELZEUG fesselt eine Zeit lang. Besser und billiger geht es selbst gemacht.

[f] GEBASTELTES SPIELZEUG hat einen Vorteil: Es kann und darf zerfetzt werden.

[g] HÖHLENFORSCHER spielen alle Katzen gern. Nicht alle aber kennen ihre Grenzen, deshalb Vorsicht.

[h] VERWÖHNEN Sie mit hochwertigen Leckereien. Vitaminprodukte sind bei gesunder Grundnahrung nicht nötig.

[i] IN RUHE LASSEN Manchmal brauchen Katzen Zeit für sich. Dann sollte man sie in Ruhe lassen, was Kindern oft schwerfällt.

[g]

[h]

[i]

LIEBE GEHT DURCH DEN MAGEN

Die Sorge, die Miezen könnten tagsüber verhungern, dürfen Berufstätige getrost vergessen. Zweimal Füttern reicht völlig aus. Wasser muss natürlich jederzeit in ausreichender Menge zur Verfügung stehen. Und sind Sie lang weg, stellen Sie einen Futterautomaten auf. Im Fachhandel gibt es auch welche für Nassfutter mit Zeitschaltuhr.

Die Extraleckereien aus der Trockenfutterschachtel versüßen den langen Tag und kürzen das Warten auf ihren Menschen etwas ab, und das ist gut so. Achten Sie darauf, dass die Katzen nicht übergewichtig werden.

EXPERTENTIPP Unterhalten Sie abends Ihre Katzen mit Trockenfutterspielchen. Das macht allen sehr viel Spaß und verbessert nebenbei auch Ihr Verhältnis zueinander. Noch mehr Wohlfühlideen finden Sie ab Seite 103.

BETTSZENEN

Wo kuschelt es sich schöner als im warmen weichen Bett? Das wissen natürlich auch die Katzen. Kaum eine kann der Versuchung widerstehen, sich zwischen Daunen und Laken auszustrecken. Es ist ja auch sehr beglückend und ihrer Beziehung zum Tier sehr förderlich, wenn Sie es zulassen, dass die Katzen angeschlichen kommen, sobald Sie im Bett liegen, und sich schnurrend in Ihre Arme schmiegen. Leider sind sie eher ausgeschlafen als wir Menschen. Solange sie das Zimmer verlassen – kein Problem. Aber sie kommen ja wieder! Und hier könnte es einen kleinen Konflikt geben.

Denn wenn Sie nicht wollen, dass mitten in der Nacht zwei putzmuntere Katzen wie „Simon's Cat" ins Schlafzimmer kommen, miauen, spielen wollen, Futter verlangen oder sich triefend nass mit Schmutzpfoten auf die Decke plumpsen lassen, um sich zu putzen – dann dürfen

SPIELEND ERZIEHEN Zeigen Sie Ihren Kätzchen von Anfang an, was verboten ist.

LOBEN SIE Das wirkt besser als schimpfen.

Sie sich das von vornherein nicht gefallen lassen. Ist's schon zu spät, besorgen Sie sich Ohrstöpsel und etwas, um die Tür vor Kratzspuren zu bewahren, und wappnen Sie sich mit Durchhaltevermögen.

EXPERTENTIPP Ein Futterautomat mit Zeitschaltuhr kann die Situation etwas entschärfen. Katzen, die lernen, dass ihr nächtlicher Terror erfolglos ist, hören bald mit dem Unfug auf. Gestatten Sie nicht eine einzige Ausnahme, sonst fängt alles wieder von vorn an.

AUTSCH, DIE COUCH!

Gemeinsame Fernsehabende auf dem Sofa lieben Katzen sehr, und sie nutzen diese ruhigen Stunden gern, um sich Ihren Zärtlichkeiten ausgiebig hinzugeben. Zu dumm nur, dass manche Katzen das Sofa dann als „ihres" betrachten und gelegentlich mit ihren Pfoten traktieren, vor allem, um über die Fußballen ihre Duftmarken daran zu hinterlassen und dabei ihre Krallen zu schärfen. Bringen Sie sie dann direkt zum Kratzbaum. Normalerweise gehen Katzen mit großem Kratzvergnügen auf ein Sisalangebot für ihr Krallenproblem ein. Ein Kratzbaum sollte auf dem Weg vom Futterplatz zum Schlafplatz stehen, sodass die Mieze das Krallenschärfen nach den Mahlzeiten und dem Schlafen gleich da erledigen kann, wo das Bedürfnis aufkommt. Haben sich Katzen erst daran gewöhnt, die Krallen am Sofa zu schärfen, ist ein Umgewöhnen schwierig, mitunter sogar aussichtslos. Selbst wenn die ganze Wohnung mit Kratzmöbeln gespickt wäre, würden sie doch immer wieder die Sitzmöbel angreifen. Experten raten, den Kratzbaum an die Stelle des Sofas zu stellen oder ihn der Katze mitten in den Weg dorthin zu rücken. Möglich ist auch, das Sofa mit einem Überwurf oder Stretchbezug zu schützen.

EXPERTENTIPP Kleben Sie die Kratzstelle ab, sodass die Katzenpfoten, statt auf Leder oder Stoff zu treffen, auf die Klebseite einer Folie oder auf Alufolie treffen.

KATZENSCHULE

Sobald Sie nach einigen Wochen eine stabile Beziehung zu Ihren Katzen aufgebaut haben, versuchen Sie, wenn Sie selbst Spaß daran haben, dem Pärchen etwas beizubringen. Zum Beispiel „an der Leine gehen, im Auto geduldig warten, mit ins Wochenenddomizil oder mit auf den Campingplatz kommen, durch eine Katzenklappe in ein anderes Zimmer, in ein Gehege oder in einen Katzengarten gelangen, zur Arbeit mitgenommen werden, im Katzenkennel längere Zeit auf Reisen sein. Und einiges mehr.

An die frische Luft? ABER SICHER!

WOHNUNGSKATZEN SIND GENAUSO GLÜCKLICH WIE SOLCHE, DIE EIN STREIFGEBIET ODER EINEN GESICHERTEN GARTEN MITEINANDER TEILEN. WICHTIG IST NUR ZU WISSEN, DASS KATZEN, DIE DIE WELT AUSSERHALB KENNENLERNEN DURFTEN, IMMER WIEDER NACH DRAUSSEN DRÄNGEN WERDEN.

Wohnungskatze oder FREIGÄNGER?

Am Freilauf scheiden sich die Geister, und viele Katzenbesitzer plagt deshalb ein schlechtes Gewissen. Wer seine Katzen rauslässt, fürchtet täglich, dass sie von einem Auto überfahren, von einem Jäger erschossen, von einem Nachbarn vergiftet, von jemandem gestohlen oder irgendwo aus Versehen eingesperrt werden. Wer sie in der Wohnung hält, der bedauert, dass seine Katzen gerade bei schönem Wetter drinnen bleiben müssen, während er selbst ins Grüne hinauskann.

SO ENTSCHEIDEN SIE RICHTIG

Da Freilauf und Drinnenbleiben gleichermaßen nicht ideal sind, entscheiden sich immer mehr Katzenhalter dazu, ihren Garten katzensicher einzuzäunen. Auf diese Weise können die Miezen raus ins Freie und die Natur erleben. Sogar Mäusefangen ist meistens möglich. Fremde Katzen zu treffen, ist nur mit schützendem Zaun dazwischen möglich, Revierkämpfe fallen weg und man muss auch nicht ständig um das Leben der Tiere bangen. Freilaufkatzen lassen sich kaum ans reine Wohnungsleben gewöhnen. Mit einem gesicherten Garten freunden sie sich jedoch meist an.

EXPERTENTIPP Die Freilauffrage sollten Sie geklärt haben, bevor die Katzen einziehen, und sogar schon bevor Sie sich für ein bzw. zwei bestimmte Tiere entscheiden. Denn Freilaufkatzen können Sie nur schlecht ans reine Wohnungsleben gewöhnen.

GARTENKATZEN SIND ZUFRIEDENER

Die Annahme, dass Wohnungskatzen friedlicher als Freilaufkatzen sind, hat sich bei einer Umfrage in der Zeitschrift „Geliebte Katze“ zwar bestätigt, doch ist der Unterschied gering. Am zufriedensten sind tatsächlich die Katzen, die eingeschränkten Freilauf in einem gesicherten Garten haben.

ANSICHTSSACHE

Tierheime sind oft von einer Ansicht so überzeugt, dass sie an die Andersdenkenden manchmal keine Katzen vermitteln. So kann es passieren, dass Sie vom Tierheim keine Katze bekommen, wenn Sie die Frage nach dem Freilauf „falsch“ beantworten. Probieren Sie es dann eben beim nächsten Tierheim. Entscheiden Sie so, wie es für Sie, Ihre Familie und Ihre Wohnverhältnisse am besten ist, und wählen Sie dann das passende Katzenpaar.

FREILAUF

In einer verkehrsberuhigten Zone mit schönen Gärten und freundlichen Nachbarn, also in einer Umgebung, in der Sie selbst den halben Tag draußen verbringen könnten, fällt es schon sehr schwer, eine Katze drinnen einzusperren. Die Alternative, ein katzensicherer Zaun, ist nicht billig und manchmal von den Gegebenheiten her kaum in die Praxis umzusetzen. Manche Halter lehnen einen solchen Zaun auch ab, weil dieser das eigene Grundstück gegen die Welt außerhalb richtiggehend abschottet und spontane nachbarliche Kontakte verhindert. Dort, wo Kinder spielen und zwischen dem eigenen Garten, der Straße und anderen Nachbargrundstücken hin und her laufen, lässt sich auch nur schlecht ein solcher Zaun ziehen, ohne dass Türen eingebaut werden. Aber wer hat schon Kinder, die mit ihren Freunden hinter sich immer die Türen zumachen?

Info

FREI LAUFENDE KATZEN
Die gerichtliche Erlaubnis zu artgerechtem Freilauf hört dort auf, wo das Herumlaufen von Katzen zu große Störungen hervorruft, zum Beispiel in größeren Wohnanlagen, oder dort, wo sehr viele Katzen leben und eine Belastung für die Anwohner bedeuten, oder dort, wo Spielplätze von Katzen verschmutzt werden. Das Recht auf Freilauf hat also seine Grenzen.

WOHNUNGSKATZEN können im Sommer an einem vergitterten Fenster die Sonne genießen.

SCHÖN UND SCHAURIG

Die Katzen selbst lieben den Freilauf, sofern sie ihn kennen. Reine Wohnungskatzen aber ängstigt die Welt da draußen, und manche haben spontan kein Bedürfnis, sich in eine unbekannte Gegend zu stürzen, wo alles fremd und bedrohlich wirkt. Man könnte dies als unnatürlich ansehen, und das ist es in gewisser Weise auch – genauso wie der Autoverkehr, auf den sie draußen treffen. Heimtierhaltung hat immer unnatürliche Seiten, und die Katzen sind die letzten unserer Haustiere, die kommen und gehen dürfen, wie es ihnen gefällt. Von so viel Freiheit können Hunde nur träumen. Aber sogar die Justiz hat es für artgerecht erkannt, dass Katzen stromern dürfen. Sie nur im eigenen Garten zu halten, ist eben wirklich nicht ganz einfach und ist teuer.

WOHNUNGSHALTUNG

Fühlen sich Katzen überhaupt wohl, wenn sie nur in der Wohnung leben dürfen? Die Frage lässt sich relativ leicht beantworten, wenn man „wohlfühlen" mit „gesund und munter sein und keine Unarten entwickeln" definiert. Und dann heißt die Antwort eindeutig „Ja!", vorausgesetzt, wir kümmern uns drinnen um die Bedürfnisse, die sich Freilaufkatzen draußen selbst erfüllen. Dazu gehört nicht viel, dafür jedoch kann man seine Katzen jederzeit finden, mit ihnen schmusen und muss sich keine Sorgen machen, wo sie wieder stecken und ob sie noch gesund sind. Eine reine Wohnungshaltung bedeutet, dass man besonders viel Augenmerk auf die häusliche Sicherheit legen muss, weil Katzen alles neugierig untersuchen.

SEHNSUCHT NACH FREILAUF kommt erst richtig auf, wenn eine Katze schon einmal die Natur kennenlernen durfte. Überlegen Sie daher, ob Sie Ihren Katzen dieses Vergnügen dauerhaft bieten können.

DRAUSSENKATZEN bekommen ein dichtes Winterfell und brauchen daher mehr Fellpflege.

ARTGERECHT?

Die Partnersuche als treibende Kraft für den Freilauf erledigt sich mit der Kastration. Das ist genau besehen auch nicht artgerecht. Doch sogar Tierheime, die auf „artgerechten" Freilauf für ihre vermittelten Katzen bestehen, geben kein unkastriertes Tier ab. Kater reduzieren nach dem Eingriff sofort ihr Streifgebiet: Statt kilometerweit hinter dem Katzenweibe herzurennen, halten sie sich wie die Weibchen in einem Umkreis von einigen 100 Metern vom Zuhause auf. In der Wohnung beginnen früh kastrierte junge Kater normalerweise nicht damit, zu markieren, und bei Weibchen ist's vorbei mit der lästigen Rolligkeit.

KATZEN PASSEN SICH AN

So wie es scheint, arrangieren sich Wohnungstiere, die es nicht anders kennen, auf ihre Weise, und das muss man nicht als unnatürlich ansehen. Sich dem vorhandenen Lebensraum anzupassen, ist in der Natur ein häufiger Vorgang. Es sichert das Überleben. Und das konnten und können die Katzen besser als die meisten Lebewesen auf der Erde. Man kann es für sie durchaus als typisch ansehen, sich auch in die Lebensumstände in einer abgeschlossenen Wohnung problemlos einzufügen.

Die Rede ist von Katzen, die nicht wissen, wie Freilauf schmeckt. Wenn eine von ihnen Freilauf kennt, ist die Wohnung eine unerwünschte Einschränkung. Einen in einem großen Aquarium riesig gewordenen Fisch setzt man auch nicht in ein kleines Becken um. Der Vergleich

DRINNENKATZEN knabbern gern an Pflanzen. Bieten Sie ihnen Gras im Blumentopf an.

AN DIE FRISCHE LUFT können Sie Katzen auf verschiedene Weise setzen. Ein solches Katzengehege wird gern von ihnen angenommen.

mag hinken, aber er soll nur als Beispiel dienen, dass ein Individuum, das sich einmal einem Lebensraum angepasst hat, nur schwer mit Einschränkungen fertig werden kann.

EIN PLATZ AN DER SONNE

Bleibt die Frage: Kann man auch ohne Freilauf noch genügend lustwandeln, Sonne tanken, Natur erleben? Wer jemals gesehen hat, mit welchem Genuss sich Katzen in die Sonne legen und an Blumen schnuppern, möchte ihnen das nicht nehmen, und wer immer kann, zäunt den Garten oder ein Stück davon für seine Samtpfoten ein. Da die Sonne auch auf bepflanzte Balkone und durch Fenster scheint und wir mit Zäunen, Drahtgeflechten, Fenstereinsätzen, Blumenkästen und vielen Ideen mehr auch den Katzen in Etagenwohnungen dieses Bedürfnis stillen können, ist Freilauf nicht nötig. Welche „Frischluftmöglichkeiten" es gibt, lesen Sie ab Seite 108.

EINE IM HAUS, EINE DARF RAUS

Es gibt einige Gründe, warum man einer Katze Freilauf gewährt, eine andere jedoch lieber im Haus halten möchte:

- Eine der Katzen ist eine teure Rassekatze, und man hat Angst, dass sie gestohlen wird.
- Man will die neue Zweitkatze lieber erst gar nicht ans Herumstromern gewöhnen.
- Man merkt, dass die Zweitkatze ohne Freilauf nicht glücklich ist, will aber nicht, dass die Erstkatze auch auf den Geschmack kommt.
- Und hier eine Situation, in der zwar nur eine Katze draußen ist, aber nicht immer dieselbe: Ein Nachbar beschwert sich über zu viele Katzen gleichzeitig auf seinem Grundstück. Durch wechselweises Hinauslassen der Tiere kann man diese Situation entschärfen.

VIER-WEGE-KATZENTÜR

Es gibt für dieses Problem eine Lösung, nämlich Spezialkatzenklappen, die nur diejenige Mieze rein- oder rauslassen, die am Halsband den passenden Magnet- oder Elektroschlüssel trägt. Solche Klappen kann man in Türen, Fenster oder Mauern einbauen – bei Mietwohnungen oder -häusern braucht man dazu die Erlaubnis des Vermieters. Wenn der das nicht möchte, kann man als Kompromiss anbieten, eine Ersatztür oder ein Ersatzfenster zu kaufen, in die bzw. in das die Klappe eingebaut wird. Beim Auszug aus der Wohnung kann dann das Originalteil wieder eingesetzt werden. Leider sträuben sich manche Vermieter auch gegen diese Lösung, doch von solchen Vermietern bekommt man ohnehin selten eine Erlaubnis zum Halten von zwei Katzen.

WOCHENEND UND SONNENSCHEIN

Wer seine Katze mit auf Reisen nehmen möchte, hält sie besser im Haus. Denn in der Regel gehen Freilaufkatzen nicht gern auf große Fahrt. Das kann dagegen reinen Wohnungskatzen eine große Freude sein. Junge Stadtkatzen etwa gewöhnen sich leicht an ein Hin- und Herpendeln zwischen Wohnung und Wochenendquartier. Sie werden es genießen, gerade so, wie die immer mehr werdenden Katzen, die in Wohnwagen und Wohnmobilen mit durch die Lande reisen. Sie lieben das etwas andere Leben auf dem Campingplatz. Davon sind Dauercamper und solche, die ein festes Wochenendquartier besitzen, überzeugt. Viele lassen ihre Tiere dort sogar von der Leine. Bei bereits älteren Katzen kommt es ganz darauf an, wie sie sich zum Autofahren und der Leine stellen. Man muss vorsichtig ausprobieren, ob es geht. Wichtig ist: Nehmen Sie ein Geschirr und kein Halsband, und wählen Sie eine hundefreie Teststrecke!

LEINEN FÜR DIE KLEINEN

Leinenspaziergänge sind für reine Wohnungskatzen eine schöne und willkommene Möglichkeit, auch ein bisschen hinauszukönnen. Im Urlaub bzw. auf Reisen ist es von unschätzbarem Vorteil, wenn

LEINENSPAZIERGÄNGE machen Spaß ...

die Katze an Geschirr (das ist besser als ein Halsband) und Leine gewöhnt ist. Mit der Leinenerziehung sollte man beginnen, wenn die Katzen noch jung und anpassungsfähig sind. Aber auch ältere Katzen haben nicht unbedingt eine Abneigung dagegen. Ein Katzenspaziergang hat allerdings seine eigenen Regeln, die man akzeptieren muss: Die wichtigste Erkenntnis dabei ist die umgekehrte Rollenverteilung. In Wirklichkeit hängen Sie an der Leine. Sie laufen, wohin die Katze will, und passen mit einsatzbereitem Pfefferspray in der Hand auf, dass kein Hund kommt.

Info

FLÖHE, ZECKEN, TOLLWUT

Nur umfassend geimpfte und mit Parasitenschutz versehene Katzen sollten nach draußen. Insbesondere die Tollwutimpfung ist wichtig. Für Reisen ins Ausland braucht man ohnehin einen vollständigen Impfschutz. Der Floh- und Zeckenschutz hat genauso wie das Entwurmen seinen Schrecken verloren: Mit Tropfen zum Einreiben in den Nacken geht das heute ganz einfach.

... aber manchmal nur der Katze, nicht dem Halter.

WOHNEN *im Katzenparadies*

KATZEN LIEBEN ES, HERUMZUKLETTERN, SICH ZU VERSTECKEN ODER ES SICH IN LUFTIGER HÖHE GEMÜTLICH ZU MACHEN. SCHAFFEN SIE IHREN KATZEN EIN KLEINES PARADIES AUS TREPPCHEN, LEITERN, BRETTERN, BRÜCKEN, SEILEN, TEPPICHEN, KISSEN, STOFFEN UND MEHR. UND IHRE MIEZEN WERDEN SICH WIE IM SIEBTEN HIMMEL FÜHLEN.

Nur schön voll IST VOLL SCHÖN

Katzen lieben prall gefüllte Wohnungen, in denen es immer etwas zu entdecken gibt. Ständig sind sie auf der Suche nach neuen Liege- und Schlafmöglichkeiten. Die Meinung, dass ihnen ein einziger Kratzbaum mit integrierter Schlafkuhle genügen würde, ist falsch. Denn immerhin verbringt eine reine Wohnungskatze bis zu 20 Stunden als Faulpelz. Da kann man nicht erwarten, dass sie den ganzen Tag an derselben Stelle nichts tut. Selbst wenn sie sich zu zweit auch miteinander beschäftigen können und dies gern tun, finden Katzen, dass das Ambiente ruhig etwas abwechslungsreicher sein könnte als etwa ein Hotelzimmer.

SO NICHT

Was Katzen nicht mögen ist eine auf Hochglanz polierte Wohnung mit Schleiflackmöbeln, Ledersofa, Stahlrohrsitzen, riesigen Glasfronten und Designer-Mülleimer aus Metall, Plexiglas, insgesamt spärlich eingerichtet – ohne Gardinen und mit nur einem einzigen Teppich auf dem gekachelten Boden, wenn überhaupt. Der Futon verhangen mit einem glitschigen Chintz-Überwurf, Glastüren, gegen die man rennt, weil man sie nicht sieht – genau da fühlt sich keine Katze wohl.

ES MUSS NICHT IMMER PLÜSCH SEIN!

Der Wohnungstiger-Designer richtet eine Vielzahl von Schlafplätzen, Schlummerbettchen, Dösekissen und Erholungs-Katzenschaukeln ein. Manche davon ganz oben, andere auf Stehhöhe oder Sofaniveau und manche ganz im Verborgenen.

EXPERTENTIPP Höhlen, dunkle Ecken zum Verstecken, erreichbar über dicke Kordeln, Katzenleitern oder schaukelnde Teppiche – das sind kleine Herausforderungen für die Katzen, die den Alltag interessanter machen und ihnen helfen, fit zu bleiben.

Beim Kratzbaum genügt es meistens, mehrere Plattformen, Sitz- und Schlafplätze anzubieten. Dennoch mögen es Katzen nicht immer, sich einander so nah zu sein, sodass Sie auch noch weitere Schlafplätze einrichten sollten. Die auf Seite 106 aufgeführte Grundausstattung wird ohne Kratzbaum zwischen 100 und 200 Euro kosten. Mit einem selbst gebautem Kratzbaum wird die Grundausstattung zwar nicht teurer, aber auch nicht unbedingt schöner. Für einen gekauften Kratz- und Schlafbaum kann man leicht noch einmal 200 Euro und mehr ausgeben.

WARM UND WEICH soll der Katzenschlafplatz sein. Ideal ist dafür eine Kuscheldecke, die man in der Waschmaschine leicht waschen kann.

Checkliste

GRUNDAUSSTATTUNG

Besorgen Sie für zwei Katzen alles doppelt:

- [ ] Katzenklo
- [ ] Futternäpfe
- [ ] Kämme
- [ ] Transportkorb
- [ ] Schlafkorb
- [ ] Kuscheldecke
- [ ] Eventuell Geschirr und Leine
- [ ] Spielzeug

EXPERTENTIPP Es ist nicht ratsam, für Katzen Secondhandartikel zu kaufen. Alles, was nach Fremdkatze riecht, kann die Katzen irritieren und zum Markieren anregen.

KLEINE LÖSUNGEN

Selbst ganz kleinen Wohnungen lässt sich ein wenig Katzenverwöhnaroma entlocken. Denn Katzen sind schon zufrieden mit ungenutztem Raum in zwei Metern Höhe, wo ihnen nur Bücher und Aufbewahrungskartons Konkurrenz machen. Ein Brett mit Kissen oder eine gepolsterte Schachtel mit Einstiegsloch, dazu eine kleine Kletterhilfe, machen einen Stubentiger bereits ein bisschen glücklicher. Anziehend finden Miezen auch beheizte Liegeflächen, wobei im Angebot nicht nur das Schlummern auf dem Schoß ihrer menschlichen Wohnungsgefährten ist, sondern noch auf so manchem anderen: Fensterbretter über einer Heizung, Aquarien, DVD-Rekorder, Fernsehgeräte,

Receiver, Computer, Drucker und leider auch gefährliche Orte wie Trockner-Innenräume oder Waschmaschinentrommeln, heiße Herdplatten oder der Backofen. So wählt der Katzenmöblist seine Angebote sorgfältig aus und stapelt seine Gegenstände nicht gerade auf solchen warmen Flächen, wo die Katzen gern liegen würden. Er stellt auch nicht alle Fensterbretter mit Blumentöpfen zu, weil auch hier Katzen gern sitzen und den Ausblick genießen. Und er hält die Katze von den gefährlichen Stellen fern.

EIN MUSS in jeder Katzenwohnung sind Katzenmöbel zum Kratzen, Spielen und Schlafen.

NATURMATERIAL gefällt Katzen am besten dann, wenn es auch angekratzt werden darf.

EXPERTENTIPP Wenn eine Katze dazu neigt, Grünzeug anzuknabbern, bietet man ihr einen Topf Katzengras an und schützt die übrigen Pflanzen vor ihrem Zugriff.

KRATZTRÄUME

Wenn es geht, stellen Sie im Wohnzimmer an einer buchstäblich aussichtsreichen Stelle einen deckenhohen Kratzbaum auf. Es gibt sie in allen Formen und Farben, auch zum Selbstzusammenstellen. Gerade für Katzen in reiner Wohnungshaltung ist es besonders schön, wenn viele ihrer Sinne angesprochen werden. Richten Sie Spiel-, Kletter- und Schlafplätze aus den verschiedensten Materialien ein. Verwenden Sie nicht nur Holz, sondern auch Rinde, Kork, Teppiche, Raschelsäcke, Duftkissen, Naturstein und natürlich Kartons, immer wieder neue. Aus ihnen lassen sich auch die besten Spielzeuge basteln: Ein paar pfotengroße Löcher hineingeschnitzt,

Leckerchen rein, und schon sind die Miezen gut beschäftigt. In größeren Kartons dürfen sie auch Verstecken spielen. Schneiden Sie dafür auch Schlupflöcher in die Schachtel.

EXPERTENTIPP Bieten Sie auch andere Verstecke, aber bitte keine Plastiktüten! Darin können Katzen ersticken!

ERLEBNISSPIELPLATZ

Wem viel Platz, ein Balkon oder ein Garten zur Verfügung steht, kommt kaum daran vorbei, verschiedene Spiel- und Sitzplätze mit und ohne Wasseranimation einzurichten. Denn Katzen lieben es, am Wasser zu sitzen, zu balancieren, auf warmen weichen Plätzen zu liegen und sich die Zeit mit kullerndem und baumelndem Spielzeug zu vertreiben. Zimmerbrunnen oder Teich, Hängebrücke oder Stege, Körbe an Baumstämmen, Bodenbeläge an der Wand, Flickenteppiche als Hängematten, Rattankisten als Schaukeln, Reifentürme, Spielplätze mit Gras, Erde, Sand, Mulch oder Kieselsteinen, Terrakottaröhren, Betonröhren und vieles mehr – damit machen Sie drinnen wie draußen aus Katzenräumen Katzenträume.

KLEINE EINFRIEDUNGEN

Wer keine Möglichkeit sieht, das ganze Grundstück einzuzäunen, kann auch einen Katzenzwinger im Garten bauen. Auch dafür gibt es Fertigangebote. Man kann aber auch eine große Papageienvoliere katzengerecht einrichten oder ein Gartenhaus mit Terrasse und Vordach so umzäunen, dass keine Katze entwischen kann.

FERTIGLÖSUNG STATT EIGENBAU

Der Trend geht weg vom Katzenschutz-Eigenbau hin zu Fertiglösungen, die man in spezialisierten Geschäften und im Versandhandel erwerben kann. Es gibt bereits einige Anbieter von Balkonnetzen, die sich hinsichtlich Material, Farbe und Montagetechnik unterscheiden. Bevor man sich für einen Hersteller entscheidet, sollte man nachfragen, ob ein Balkonnetz vom Vermieter oder der Eigentümergemeinschaft erlaubt ist, welche Befestigungsmöglichkeit die günstigste ist, und man probiert am besten mit einem Teststück aus, welche Farbe am unauffälligsten ist und am wenigsten stört.

SCHACHTELTEUFEL SPIELEN lieben alle Katzen. Werfen Sie alte Kartons nicht weg, sondern schenken Sie diese der Katze.

BASICS

[a]

[b]

[c]

[c]

[a] ES RASCHELT im Karton, und wie! Da drin könnte sich ja was verstecken. Dabei ist es nur altes Papier, das sich entknittert.

[b] ES IST GEHEIMNISVOLL Was sich in einer großen gefüllten Kiste alles verbirgt, erfordert sofort einen Sondereinsatz der Anti-Mäusepolizei.

[c] ES BEWEGT SICH Lässt sich das fangen oder ist das gar gefährlich?

[d] ES RIECHT Ein neuer Geruch ist immer interessant. Ob sich davon mehr finden lässt?

EINE WETTERFESTE EINRICHTUNG brauchen Sie für den Balkon und im katzensicheren Freigehege.

SCHUTZNETZ AM BALKON

Gerichte sind der Ansicht, dass Vermieter ein Balkonnetz nicht verbieten können, wenn es nicht an der Schmuckseite des Hauses angebracht ist. Aber jeder Fall wird für sich entschieden. Deshalb holen Sie besser erst die Genehmigung Ihres Vermieters oder der Hauseigentümer-Gemeinschaft ein.
Erlaubt werden muss eine Vorrichtung, zum Beispiel mit Teleskopstangen, die auf Dübel oder andere fest installierte Verankerungen verzichtet. Obwohl die Letzteren die Haussubstanz kaum schädigen, kann der Vermieter sie dennoch verbieten, auch auf der Hinterhofseite. Wählen Sie, wenn es geht, Vorrichtungen, die mit Klemmstangen oder Bohrloch-freien Verschraubungen am Balkongeländer auskommen. Es gibt die Netze und Gitter inzwischen in vielen Naturfarben, und je nach Hausfarbe und Lichtverhältnissen kann eher ein graues, ein braunes oder grünes unauffälliger sein.

KATZENTREPPEN UND ÜBERGÄNGE

In eng bebauten und verkehrsreichen Gebieten sind Katzen besser in einem gesicherten Auslauf untergebracht als auf der Straße. Liegt dieser nicht direkt am Haus, gibt es Möglichkeiten, den Weg mit Tunneln oder eingenetzten Hängebrücken zu überbrücken. Als Laufröhren eignet sich einiges aus dem Baumarkt. Lassen Sie sich beraten. Wer nicht im Parterre lebt, kann seinen Katzen ein Außentreppchen bauen, wenn der Vermieter nichts dagegenhat. Solche Treppen und Leitern, Laufplanken und Klettermöglichkeiten sind auch in der Wohnung kreativ einsetzbar.

FENSTER MIT AUSSICHT Ein warmer, weicher Spähposten ist das Höchste für eine Katze.

KATZENKLAPPEN

Durch eine Katzenklappe gelangen die Miezen auf den Balkon, in den Garten oder ganz in die Freiheit. Aber ein solches Türchen muss vom Vermieter genehmigt sein und – sofern andere Eigentümer der Wohnanlage betroffen sind – auch von diesen. Da die Klappen klein und unauffällig sind und zumeist an einer ruhigen Stelle in den Hinterhof führen, haben viele Vermieter, die bereits das Halten einer Freilaufkatze genehmigt haben, auch keine Einwände gegen die Katzentür. Wenn doch, dann kann man auch hier versuchen, die Tür gerichtlich durchzusetzen, vor allem, wenn man bereit ist, für die spätere „Reparatur" der Haustür einen Sicherheitsbetrag beim Vermieter zu hinterlegen.

BALKONNETZE sind ideal für die Katzen, aber nicht überall erlaubt.

TÜR UND FENSTER

Fenster und Türen kann man außerdem mit selbst gebauten stabilen Maschendrahteinsätzen zu luftigen Sitzplätzen für warme Sommertage umfunktionieren. Man fertigt aus Holzlatten einen Rahmen, der in die Tür- bzw. Fensteröffnung passt, und bespannt ihn mithilfe von Tackerklammern mit Maschen- oder Hasendraht. Gegen von außen sichtbare Sicherungsnetze am Fenster haben Vermieter häufig Einwände – und das dürfen sie haben, wenn es die Schmuckseite des Hauses betrifft.

Zur tödlichen Falle für Katzen können Kippfenster und -türen werden. Im seitlichen Öffnungsschlitz bleiben sie beim Versuch, hinein- oder hinauszuspringen, stecken und können sich nicht befreien. Gitter, die genau diese Öffnungen seitlich und oben abdecken, gibt es von mehreren Herstellern im Fachhandel zu kaufen. Sie können am Fensterrahmen teilweise abnehmbar angeschraubt werden.

KATZENCENTER IM GARTEN

Für den Garten ist ein stabiler, möglichst hoher Zaun die beste, aber auch teuerste Lösung, vor allem, wenn man ihn nicht selbst montieren kann. Die Konstruktion im oberen Drittel nach innen abzuwinkeln, ist nach den Erfahrungen vieler Katzenhalter zwar sicher, doch nicht unbedingt nötig. Diese aufwendigen und teuren Schweißarbeiten kann man sich sparen. Katzensicher ist nämlich auch eine Einfriedung, die das Überklettern dadurch verhindert, dass vom oberen Rand eines möglichst hohen geraden Zaunes ein Netz, ein beweglicher Maschendraht oder Gittergeflecht auf einer Länge von ca. 50 Zentimetern lose herunterbaumelt. Der Trick dabei: Die Katze findet oben keinen Halt mehr für ihre Krallen und kehrt um. Natürlich muss man aufpassen, dass sich die Katze beim Ausbruchsversuch nicht verhakt. Balkonnetze zeigen indes, dass diese Gefahr tatsächlich nicht sehr groß ist.

VORSICHT, SPRUNGSCHANZEN!

Katzen nutzen alle Gelegenheiten, um zu entwischen. Beliebte Sprungschanzen über den Zaun hinweg sind hohe Bäume, ein Balkon, das Gartenhaus, Vordächer, eine Markise und das Garagendach. Deshalb stehen sinnvollerweise hohe Bäume und Gartenhäuser in der Gartenmitte.

STRÄUCHER FÜR DIE STROLCHE

Zu klein kann ein Katzengarten kaum sein, nur zu langweilig. Das Grün hinterm Haus braucht Freiheit, um sich zum Katzenparadies entfalten zu können. Weniger Gartenpflege bedeutet daher mehr Lebensqualität für Ihre Tiere, für die zahmen wie für die wilden. Und sich selbst dafür ein paar Mußestunden zusätzlich zu gönnen, macht ohnehin größere Freude, als mit Spaten und Heckenschere ständig Ordnung ins immer wiederkehrende Chaos zu bringen. Eine hübsche Gartengestaltung lässt sich trotz vermeintlicher Widersprüche auch mit üppigem Wachstum recht gut vereinbaren.

IM SICHEREN GARTEN sind Katzen einfach nur glücklich und zufrieden.

ABENTEUERLUSTIGE KATZEN drängen das ganze Jahr über massiv nach draußen.

GEPFLEGTER WILDWUCHS

Schön sind Kombinationen aus Kräuterwiese und gepflegtem Rasen, gewundenen Natursteinwegen und sauberen Sitzplätzen, eine mit einer Pergola umbaute Terrasse mit angrenzendem Gartenteich und Pflanztrögen aus Holz. Legen Sie einen Steingarten an, schichten Sie Trockenmauern auf. Sie geben damit auch Wildtieren einen Lebensraum. Schaffen Sie Kontraste durch den Wechsel von Hecken und Spielflächen. Katzen, die sich gern zwischen den Pflanzen verstecken und sich dort Schlafplätze suchen, können wenig kaputt machen, wenn Sie Ziergräser, Pampasgras, Bambus, Felberich, Nachtkerzen, Stockrosen, Lavendel, Thymian, Katzenminze, Baldrian – um nur einige zu nennen – anpflanzen. Denn die sind relativ unempfindlich. Wenn die Miezen dazu neigen, Grünes zu knabbern, entfernt man die betreffende Pflanze, Gras ausgenommen. Im Übermaß gefressen ist keine Pflanze für Katzen gesund.

EXPERTENTIPP Zäunen Sie nicht den ganzen Garten ein. Blumen- und Gemüsebeete bleiben besser außerhalb.

JE WILDER der Garten, desto aufgeräumter die Katze.

UNERFAHRENE KÄTZCHEN strecken ihre Krallen nach allem aus, was sie finden. Gefährliche Dinge ...

GIFTGRÜN

Zimmer- und Balkonpflanzen sind ein ewiges Thema unter Katzenfreunden. Immer wieder stellen sich im Einzelfall die Fragen, ob eine Pflanze giftig ist, wenn ja, welcher Teil davon (Blüte, Blätter, Saft, Wurzel, Frucht, das Wasser in der Vase), ab welcher gefressenen Menge es gefährlich wird und wie schnell man zum Tierarzt muss. Eine stets aktuelle Liste von Pflanzen und anderen Stoffen, die speziell für Katzen gefährlich sind, finden Sie im Internet unter www.botanikus.de.

TÖDLICHE PFLANZEN

Allein als stark giftig für Katzen werden folgende Pflanzen und Stoffe dort aufgelistet: Adonisröschen, Avocado, Besen-Ginster, Bittermandel, Buchsbaum, Christrose, Dieffenbachia, Eibe, Eisenhut, Engelstrompete, Fingerhut, Weißer Germer, Glockenbilsenkraut, Goldregen, Herbstzeitlose, Hundspetersilie, Kakao(baum), Kirschlorbeer, Kroton, Lebensbaum (Thuja), Lein, Maiglöckchen, Nachtschatten, Nießwurz, Oleander, Pfaffenhütchen, Prachtlilie, Rhododendron, Rittersporn, Rizinus, Robinie, Ruhmeskrone, Sadebaum, Gefleckter Schierling, Seidelbast, Stechapfel, Stechpalme, Tabak, Tollkirsche, Tollkraut, Wandelröschen, Wasserschierling, Weihnachtsstern, Wolfsmilchgewächse, Wüstenrose, Wunderstrauch, Wurmfarn.

... müssen Sie daher wegräumen.

GEFAHR ERKANNT – GEFAHR GEBANNT

Wenn Katzen nur in der Wohnung leben sollen, ist es ganz besonders wichtig, dort alle Gefahrenquellen zu beseitigen. Ein breites Angebot an Hilfsmitteln, eine Wohnung zu sichern, finden Sie in jedem Babyzubehörkatalog: zum Beispiel Einsätze für Steckdosen, Herdabdeckungen, Treppengitter und manches mehr.

VERSCHLUCKEN Passen Sie besonders gut auf, dass Sie keine giftigen Gegenstände herumliegen lassen oder den Katzen zugänglich machen, etwa Zigaretten, Tabletten, Chemikalien, Alkoholisches, Putzmittel, Schokolade und vieles mehr. Kleine Gegenstände, die eine Katze verschlucken kann, sollten weggeräumt werden.

VERHEDDERN Schnüre, in die sie sich verheddern kann, dürfen ebenso nicht herumliegen.

KATZENSPIELZEUG Vorsicht auch beim Katzenspielzeug: Manche Spielmäuse haben Plastikstifte als Augen und Nase. Man kann sie entfernen, bevor die Katzen sie aus Versehen verschlucken.

AUSRUTSCHEN Zu glatte Fußböden bringen eine Katze leicht ins Schleudern. Parkett oder Laminatboden sowie glatte Treppenstufen kann man mit rutschfesten Läufern sichern.

GESCHOSSE VON OBEN Alle Gegenstände, die beim Toben hinunterfallen können, kommen in den Schrank.

TÖDLICHE HÖHLEN Waschmaschine, Trockner und Spülmaschine müssen unbedingt geschlossen sein, weil sich Katzen gern darin verstecken. Und lassen Sie nie eine Plastiktüte offen herumliegen.

WASSERTONNEN, POOLS Eine tödliche Gefahr sind Gartenwassertonnen sowie Pools mit glatten Rändern. Decken Sie Wasserbehälter immer zuverlässig ab.

KIPPFENSTER, SCHWINGTÜREN Der Sprung durch ein gekipptes Fenster kann tödlich enden. Katzen verkeilen sich und können sich nicht selbst daraus befreien.

SERVICE

Nützliches zum Schluss

ZUM WEITERLESEN

ALL IN ONE

Sie möchten umfassende Informationen rund um die Katze, ein Buch, das Ihnen ein Katzenleben lang beiseite steht und Sie mit Rat und Tat unterstützt? Dann empfehlen wir Ihnen:

Jones, Renate (Hrsg.): **Das Kosmos Handbuch Katzen.** Kosmos 2010

DIE QUAL DER WAHL

Eine Katze soll es sein und am besten eine mit Stammbaum. Doch die Auswahl ist groß und Sie wissen nicht, welche Rasse Ihnen am besten gefällt und ob Sie zu Ihnen und zu Ihren Lebensumständen passt. Hier erfahren Sie alles über die beliebtesten Rassen:

Metz, Gabi: **Katzenrassen.** Kosmos 2011

HOME, SWEET HOME

Sie wollen noch mehr über Katzenhaltung wissen? Was Mieze will und braucht, wie Sie gemeinsam gut durch den Alltag kommen und warum der Trend zur Zweitkatze führt, erfahren Sie hier:

Grimm, Hannelore: **Kätzchen.** Kosmos 2007

Grimm, Hannelore: **Wohnungskatzen.** Kosmos 2008

Lauer, Isabella: **Meine Katze.** Kosmos 2008

Seidl, Denise: **Wenn meine Katze Probleme macht.** Kosmos 2008

VERSTEHEN UND VERSTANDEN WERDEN

Auf du und du mit der Katze? Das wünschen sich die meisten, denn eine innige Beziehung fordert Verständnis auf beiden Seiten. Hier erfahren Sie alles über Katzenverhalten und Katzensprache:

Halls, Vicky: **Die Katzenflüsterin.** Kosmos 2007

Leyhausen, Paul: **Katzenseele.** Kosmos 2005

Rauth-Widmann, Brigitte: **Katzensprache.** Kosmos 2009

NIE MEHR LANGEWEILE

Für Wohnungskatzen kann der Alltag manchmal ganz schön eintönig sein. Bevor sich Speckröllchen unterm Fell breitmachen und Ihr Sofatiger nur noch zwischen Couch und Futternapf hin und her pendelt, ist ein wenig Action angesagt.

Federer, Gabi, Martino Rivas: **Spiele für Katzen.** Kosmos 2009

Seidl, Denise: **Spiel & Spaß für Katzen.** Kosmos 2010

Theby, Viviane: **Clickern mit meiner Katze.** Kosmos 2009

NÜTZLICHE ADRESSEN

DACHORGANISATIONEN

Fédération Internationale Féline (FIFe), The General Secretary
Jehnická 11
CZ – 621 00 Brno
Tel.: 00420-5-41228449
Fax : 00420-5-41227824
general-secretary@fifeweb.org
www.fifeweb.org

World Cat Federation (WCF) Generalsekretariat
Geisbergstr. 2
D – 45139 Essen
Tel.: 0201-555724
Fax: 0201-509040
wcf@wcf.online.de
www.wcf-online.de

NATIONALE VEREINE UND VERBÄNDE

1. Deutscher Edelkatzenzüchter-Verband e. V. (1. DEKZV)
Berliner Str. 13
D – 35614 Asslar
Tel.: 06441-8479
Fax: 06441-87413
office@dekzv.de
www.dekzv.de

Österreichischer Verband für die Zucht und Haltung von Edelkatzen e. V. (OVEK)
Liechtensteinstr. 126
A – 1090 Wien
Tel.: 0043-1-3196423
Fax: 0043-1-3106540
herbert.steinhauser@chello.at
www.oevek.at

Fédération Féline Helvétique (FFH) Sekretariat: Eva Wieland-Schilla
Ch. de la Grangette 4
CH – 1010 Lausanne
Tel.: 0041-21-6529578
Fax: 0041-21-6530990
sekretariat@ffh.ch
www.ffh.ch

HAUSTIERREGISTER

TASSO e. V.
Frankfurter Str. 20
D – 65795 Hattersheim
Tel.: +49-(0)6190-937300
Fax: +49-(0)6190-937400
info@tasso.net
www.tasso.net

Deutsches Haustierregister DEUTSCHER TIERSCHUTZBUND e. V.
Bundesgeschäftsstelle
Baumschulallee 15
D – 53115 Bonn
Tel.: +49-(0)228-60496-0
Fax: +49-(0)228-60496-40
www.registrier-dein-tier.de

REGISTER

DIE AUTORIN

„Katzen sind meine Leidenschaft!", sagt die Journalistin und Biologin Isabella Lauer – und hat diese Leidenschaft zum Beruf gemacht: Seit vielen Jahren arbeitet sie als freie Redakteurin für die Zeitschriften „Geliebte Katze" und „Ein Herz für Tiere". Und auch in ihren Büchern schreibt sie immer wieder über ihre Lieblinge. „Schon allein meine Katzen haben mehr als genug Einfälle. Und wenn ich vor dem Hintergrund meines Katzenwissens einfach einmal den Blickwinkel ändere und Katzen aus einer ganz anderen Sicht betrachte, purzeln mir die Sätze schon vor die Füße", antwortet sie auf die oft gestellte Frage, wie man über Katzen so viel und immer wieder Neues schreiben kann.

DANKE

Aufrichtigen Dank an alle Zwei- und Vierbeiner, die bei der Entstehung des Buches mitgewirkt haben. Sehr herzlichen danken möchte ich Irene Schellenbeck, der Vorsitzenden der Tierhilfe Licht im Dunkeln e.V., Wuppertal, die viele wertvolle Hinweise zur Vergesellschaftung von Katzen zu diesem Buch beisteuerte. Außerdem gilt mein Dank meiner Lektorin Ute-Kristin Schmalfuß für ihre Geduld und ihr Entgegenkommen.

Isabella Lauer

Samtpfoten.
Katzen besser verstehen.

Isabella Lauer
Katzen halten, ganz entspannt

128 S., 151 Abb., €/D 14,95
ISBN 978-3-440-12258-7

Wohlfühlideen für jeden Tag

Egal, wie gut man vorbereitet ist: Zieht eine Katze ein, kommt alles ganz anders. Da ist es gut einen Verbündeten wie diesen Ratgeber zu haben. Isabella Lauer begleitet frischgebackene „Katzeneltern" durch die erste aufregende Zeit im Leben mit Katze. Vom Aussuchen der passenden Rasse über Haltung, Pflege, Erziehung und Beschäftigung – hier bleiben keine Fragen offen.

BILDNACHWEIS

125 Farbfotos wurden von Tatjana Drewka/Kosmos für dieses Buch aufgenommen. Weitere Farbfotos stammen von Juniors-Bildarchiv (22 Fotos: S. 41, 42, 44 alle, 45 u., 46, 47, 49, 50, 51, 52, 53, 55, 56 alle, 57 alle) und Tierfotoagentur.de / B. Döring (1 Foto: S. 54).

IMPRESSUM

Umschlaggestaltung von GRAMISCI Editorialdesign unter Verwendung von zwei Farbfotos von Sabine Rath.

Mit 148 Farbfotos

Gedruckt auf chlorfrei gebleichtem Papier

ISBN 978-3-440-11623-4
Redaktion: Ute-Kristin Schmalfuß
Gestaltungskonzept: GRAMISCI Editorialdesign, München
Gestaltung und Satz: Atelier Krohmer, Dettingen/Erms
Produktion: Eva Schmidt
Printed in Germany / Imprimé en Allemagne

FSC
www.fsc.org
MIX
Papier aus verantwortungsvollen Quellen
FSC® C022125